Juli Capella

Arquitecturas Diminutas

Diseños de arquitecto en el siglo XX

Tiny Architecture

Designs by the twentieth-century architect

EDICIONS UPC
UNIVERSITAT POLITÈCNICA DE CATALUNYA

etsaB [1875-2000]

Agradecimientos

En primer lugar quiero agradecer a Manuel de Solà-Morales, por invitarme a dar clases de "Diseño de arquitectos" en la Escuela Técnica Superior de Arquitectura de Barcelona cuando era su director. También a Ignasi Bonmatí por sugerirme recopilar estos cursos en un libro, y sobre todo a Josep Maria Serra, de Edicions UPC, por empeñarse en editarlo a pesar de muchos pesares.
Un agradecimiento especial a Lluís Clotet, arquitecto diseñador donde los haya, que con sus perspicaces consejos logró trastocarme el esquema del libro y retrasarlo un año, gracias al cual si éste no ha mejorado será sólo culpa mía. También a Santi Roqueta por mantener vivo el espíritu diseñador entre los futuros arqu itectos.
A Cristina Capella porque ha hecho en este libro todo lo que yo no he hecho, que es mucho. Y a Maite Guillén por la logística y documentación.
Quiero agradecer especialmente a Quim Larrea tantos años de amistad y trabajo conjunto, recopilando enseñanzas y material sobre diseño y arquitectura, que ahora dan este fruto.
Este libro también le debe mucho a François Burkhardt y a todo el equipo de la revista Domus por haberme dado la responsabilidad de ocuparme durante estos últimos cinco años del diseño en la revista, donde me he sumergido de lleno en el diseño de los arquitectos.

Quiero agradecer la colaboración de las siguientes empresas e instituciones:

Abet Laminati / Acerbis Int, S.p.A. / Akaba / Alessi, S.p.A. / Alias, s.r.l. / Alivar, s.r.l. / Altamira / Amat / Artek / Artemide / B&B Italia / Baleri Italia / Barry Friedman, Ltd. / BD Ediciones de Diseño / Bernini / Casas / Cassina, S.p.A. / Cleto Munari Design associatti / Colur / DAE, S.A. / Decimo Alvaro / DeSede of Switzerland / Dorn Bracht / Driade / Duravit / Edra / Erco Iluminacion, S.A. / Escofet / Ewe Kuechen / Fasem / Fiam Italia / Figueras Internacional Seating, S.A. / Fontana Arte / Formica / Fritz Hansen eft, A/S / FSB / Fundición Dúctil Benito / Ghent University - Architecture and Urban Planning Department / Giorgetti / Grupo Site / Heller / Herman Miller, Inc. / ICF, Inc. / IDPA / iGuzzini / JcDecaux / Kartell / Knoll Europe Spain
Knoll International / Lobmeyr / MAK (Osterreichisches Museum für Kunst und Industrie) / Miralles – Tagliabue estudio / Mobles 114 / Morphos / National Museum of Stockholm / Nicholas Grimshaw & partners limited / O luce, s.r.l. / Olivari / Olivetti / Partner & Co. / Poltronova / Pozzi – Ginori Industrie Ceramiche, S.p.A. / Prospettive / Punt Mobles / Quartett / Reggiani / Santa & Cole / Sawaya & Moroni / Sellex / Sottsass Associati / Swid powell /Tagono / Tecno / Tecnolumen / Tecta / Thonet / Unifor / Up & Up / Vitra / Vitra Design Museum / Vorwerk & Co. Teppichwerke KG / Zanotta, S.p.A. / Zeritalia.

Y a las personas:

Emilio Ambasz, Mario Bellini, Rosa Mª Casas, Fredie Floré, Gabriella Gianoli, Elena Guarnaccia, Hans Hollein, Leòn Krier, Vico Magistretti, Ana Maio, Uli Marchsteiner, Alessandro Mendini, Paolo Moroni, Dominique Perrault, Renzo Piano, Oscar Tusquets.

Primera edición
Enero de 2001

Coordinación de la colección
Ignasi Bonmatí Berenguer
Josep M. Serra Muñoz

Responsable de la edición
Juli Capella

Diseño gráfico
Capella Arquitectura & Design

Traducción
Duual, SL

Digitalización
Servei Gràfic NJR, SL

Impresión
Tallers Gràfics Hostench, SA

Depósito legal: B-44704-2000

ISBN: 84-8301-447-5

A la derecha, avenida cuyos edificios están formados con las cajas de embalaje de los productos de Alessi. Diseño de Sottsass Associatti.
Right: Avenue whose buildings are Alessi product boxes. A Sottsass Associatti design.

Juli Capella

Arquitecturas Diminutas

Diseños de arquitecto en el siglo XX

Tiny Architecture

Designs by the twentieth-century architect

EDICIONS UPC
UNIVERSITAT POLITÈCNICA DE CATALUNYA

etsaB
[1875-2000]

Dedicado a la tectónica Natalia, y a las diminutas —por ahora— Olivia y Violeta.
Dedicated to the tectonic Natalia, and the tiny (for now) Olivia and Violeta.

Jugando con cambios de escala. Arriba, dos niñas se pasean por la maqueta de *Futurama*, creada por Norman Bel Gedes para el Pabellón de la General Motors en la Feria Internacional de Nueva York (1939). Abajo, otras niñas subidas sobre una silla gigantesca para la promoción de una cadena de muebles.

Playing with changes in scale. Above: Two girls stroll through the Futurama model, created by Norman Bel Gedes for the General Motors Pavilion at the 1939 New York International Fair 1939. Below: More girls, this time on a gigantic chair. Part of a promotional campaign for a chain of furniture stores.

Juli Capella

Arquitecturas Diminutas

Diseños de arquitecto en el siglo XX

Tiny Architecture

Designs by the twentieth-century architect

Los Eames se tomaban los juegos muy en serio. *The House of Cards*, diseñado en 1952, consiste en dos barajas de 54 cartas. Cada carta tiene seis incisiones que permiten su ensamblaje para crear estructuras tridimensionales. La baraja "pattern" está impresa con diversos motivos y texturas, y la baraja "picture" con fotos de "objetos nostálgicos y familiares del reino animal, mineral y vegetal". Producida por American Playing Card y actualmente por el MoMA de Nueva York.

The Eames took games very seriously. The House of Cards, *designed in 1962, consists of two packs of cards with 54 cards in each pack. Each card has six incisions so they can be joined together to create three-dimensional structures. The 'pattern' pack is printed with a variety of shapes and textures and the 'picture' pack with photos of "nostalgic and familiar objects from the animal, mineral and vegetable kingdoms". Produced by American Playing Card and currently by the MoMA, New York.*

Índice Contents

Índice		Contents
Prólogo **Oriol Bohigas**		Foreword **Oriol Bohigas**
La elegante pantomima de los arquitectos	10	**Architects and their elegant pantomime**
DISEÑOS DE ARQUITECTO DEL SIGLO XX	14	**DESIGNS BY THE TWENTIETH CENTURY ARCHITECT**
Arquitectos diseñadores Integrales	20	The architect/designer as The Whole Man
Arquitectos diseñadores Heróicos	22	The architect/designer as Hero
Arquitectos diseñadores Inventores	28	The architect/designer as Inventor
Arquitectos diseñadores Estetas	30	The architect/designer as Aesthete
Arquitectos diseñadores Radicales	32	The architect/designer as Radical
Arquitectos diseñadores Miniaturistas	34	The architect/designer as Miniaturist
Arquitectos diseñadores *Vedettes*	38	The architect/designer as Superstar
Cuadro "ismos" del diseño de arquitectos	44	**The "isms" of design by architects table**
Cuadro generacional	50	**Generation table**
LOS DISEÑOS	54	**THE DESIGNS**
Sillas	56	Chairs
Butacas	84	Armchairs
Sofás	102	Sofas
Chaise longues	106	Lounge seating
Mesas	116	Tables
Mobiliario	128	Furniture
Iluminación	142	Lighting
Diseño industrial	152	Industrial design
Sobremesa	164	Tableware
Mobiliario urbano	174	Street furniture
Vehículos	180	Vehicles
Joyas	182	Jewellery
Bibliografía	188	**Bibliography**

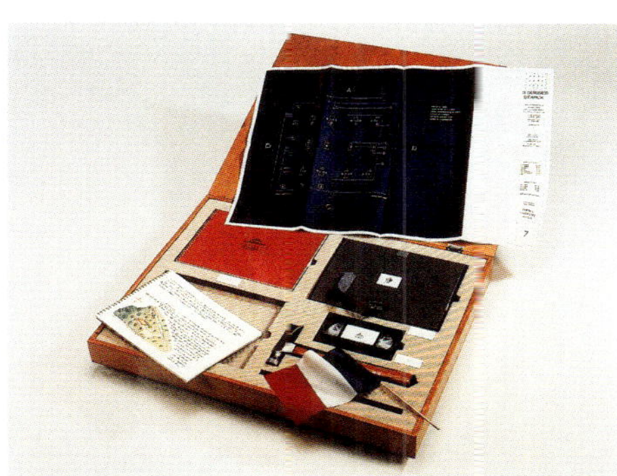

Todo un desafío microarquitectónico de Starck: una maleta para construir una casa, que se vendía en los grandes almacenes franceses "3 Suisses" en 1994. Se trata de la propia casa de Starck, y el maletín contiene los planos a escala 1:50 (plantas, alzados y secciones), un vídeo con las instrucciones de montaje, consejos de ubicación y administrativos, un martillo —como símbolo de autoconstrucción— y una bandera francesa para coronar el edificio. Todo, por apenas 20.000 pesetas. ¿Estará Francia sembrada de clones?

A microarchitectural challenge from Starck: a "make your own house" suitcase sold in 1994 in the French department stores 3 Suisses. The house was Starck's own and the case contained: 1:50 plans (floor, elevation and cross-section), a video with "assembly instructions", location and administrative advice, a hammer (as a construction symbol) and a French flag to crown the completed edifice. Yours for a trifling 20,000 pesetas. Is France strewn with clone dwellings?

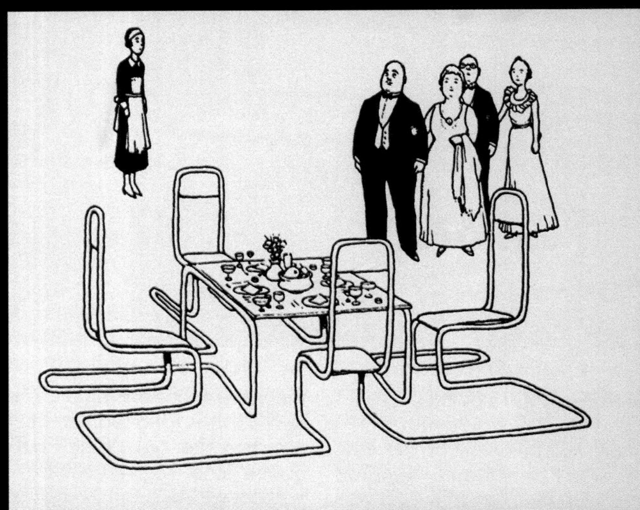

Las propuestas de los arquitectos innovadores siempre han sido motivo de burla. La austera fachada del Michaelerhaus de Loos en Viena de 1911, parecía inspirada en las características rejas del alcantarillado de la ciudad. Los muebles en tubo de los años 20 constrastaban sin duda con el atuendo y los modos del momento. Las formas sinuosas de los muebles de Jacobsen, sugerían platos de compleja receta meticulosamente elaborados.

The ideas of innovative architects have always been the target of a certain amount of leg-pulling. The austere façade of Loos' Michaelerhaus in Vienna seems inspired by the city's characteristic sewer gratings. Tubular furniture of the twenties undoubtedly contrasted with the clothes and other fashions of the period. The sinuous lines of Jacobsen's furniture suggest dishes meticulously prepared from complex recipes.

Sin duda es este un libro menor. En comparación con la arquitectura, habla de cosas pequeñas, diminutas, insignificantes. Muebles y objetos que tienen la particularidad de tener padres acostumbrados a construir edificios. Son, por tanto, hijos de segunda, a veces entretenimientos, a veces experimentos, y casi siempre marginales respecto a la labor principal de sus creadores.
Pero es a la vez un libro fascinante porque recopila una fauna refinada y muy especial. La conclusión es doble: aun sin ser su ocupación principal, los arquitectos han sido los responsables de las más significativas piezas de diseño del siglo XX. Y además han sido los inventores de la disciplina conocida como "diseño industrial". No obstante, hay que añadir a renglón seguido que en la actualidad el mejor diseño ya no sale de sus despachos, sino de los de los diseñadores profesionales, que han ido encontrando su independencia disciplinar.
Analizar estas piezas en relación con la obra construida de cada autor es adentrarse en complejos universos llenos de mímesis, traspolaciones y, sobre todo, contradicciones. Cada arquitecto ejerce el diseño de objetos de forma peculiar, por ello la catalogación que sigue lo es de forma provisional.
Dos grandes familias, la racional y la decorativa, se han interrelacionado a lo largo del siglo, con independencia de sus protagonistas. La abstracción y el figurativismo, dos grandes mundos sin fronteras claras, incluso convergentes en un mismo autor, o escalonadas según periodos.
El libro se centra preferentemente en productos —no en prototipos o piezas únicas— y en arquitectos que han construido a lo largo de este siglo. Y elude conscientemente la significativa aportación de arquitectos titulados pero sin ejercicio, aunque estos representen la principal aportación a la historia del diseño industrial, que ya ha sido abundantemente difundida.
Arquitecturas diminutas, microedificios, creaciones de pequeña escala conforman un apasionante campo de investigación que nos ayuda a saber algo más de cómo se produce el íntimo acto de la creación arquitectónica. Según algunos, la madre de todas las artes. J.C.

This is definitely a small book. It deals with small, diminutive things, insignificant in comparison with architecture: furniture and other objects whose progenitors are more accustomed to raising buildings. They are thus second-class children, sometimes brought into the world for entertainment, sometimes as experiments, but almost always peripheral to the main work of their creators.
This book is, nonetheless, truly fascinating, shedding light as it does upon a very rare, highly refined fauna. The conclusion that can be drawn from it is twofold. On the one hand, although it has not been their principal concern, architects have been responsible for some of the most important designs of the twentieth century and have also invented the discipline known as industrial design. On the other, it must be admitted that, today, the best design does not flow from their offices but from those of professional designers, who have been able to carve their own professional niche.
To analyse these designs in comparison with their creators building works is to enter into a complex universe full of mimesis, synthesis and, above all, contradiction. Each architect designs objects in his or her own way, and thus their categorisation in this book can only be provisional.
Two great families, the Rational and the Decorative, have been interrelating throughout this century, irrespective of the actions of their leading figures. Abstraction and figurativism, two enormous territories with no clear frontiers, sometimes came together in a single person, or advanced and retreated, tide-like, over time.
This book focuses especially on products (not prototypes or single works) and architects who have actually constructed buildings throughout the century. It therefore deliberately ignores the significant contribution made by qualified but non-practising architects, even though they are the leading figures in the history of industrial design, on the basis that their works have already received great attention.
Tiny architecture, micro-buildings, small-scale creations, form an exiting field of research which helps us better understand the intimate process of architectural creation. A process which is, according to some, the mother of all arts. J.C.

La elegante pantomima de los arquitectos
Architects and their elegant pantomime

Oriol Bohigas

Cuando se anunció la *7 Mostra Internazionale di Architettura* de la reciente *Biennale de Venecia* de 2000 con el título pretendidamente trascendental de *Less aesthetics, more ethics*, tuve, simultáneamente, dos sensaciones contradictorias. La primera fue una cierta "vergüenza ajena" ante el escaso "savoir faire" cultural de quien eligió esa frase, con la presunción de aglutinar en una sola cursilería la entonación de Mies con los viejos textos —mal leídos— de Kant y de Baumgarten o con el propósito de negar la superposición platónica de lo bello y lo bueno. Pero como ya estoy acostumbrado a no ser muy exigente con las precisiones filosóficas de los arquitectos modernos, pensé que era simplemente una manera de explicar que la *Mostra* intentaría subrayar los contenidos humanos y sociales de la arquitectura y el urbanismo por encima de los habituales exabruptos formales engendrados por la propaganda de una modernidad en crisis. Esta esperanza fue, pues, mi segunda sensación.

Pero en Venecia, transitando por centros y pabellones, y leyendo textos supuestamente explicativos, me di cuenta de que ni siquiera esa benévola interpretación era válida. La *Mostra* ha sido la culminación de los exabruptos estéticos sin ni siquiera un atisbo de platonismo. Y lo que es peor: la estética pregonada era a menudo pedida en préstamo a los hábitos expositivos de otras artes, con escasos rasgos específicamente arquitectónicos. La gran sala columnada del Arsenal que en 1980 había sido el escenario de la *Strada Novissima*, bajo la batuta de Paolo Portoghesi con el empeño arquitectónico del *posmodernismo* —quizás equivocado, pero comprometido en la disciplina—, parecía ahora una débil aproximación a una Documenta de Kassel o a las exposiciones de pintura de la propia *Biennale*: la *Strada Novissima* planteaba entonces los problemas de un cambio estético en la arquitectura y una serie de consecuencias metodológicas, e incluso éticas, que permitieron entender —y por lo tanto, criticar— los programas y las preocupaciones de una generación de arquitectos. Por desgracia, seguramente, la *Mostra* de este año también se puede entender como el testimonio de otra generación. Si es así, hay que reconocer que esta generación ha perdi-

When the recent "7 Mostra Internazionale di Architettura" at the Venice Biennale 2000 was announced, under the supposedly meaningful title of "Less aesthetics, more ethics", I was struck by two simultaneous yet contradictory sensations. The first was a slight feeling of embarrassment at the lack of cultural *savoir faire* on the part of whoever it was who decided upon the slogan, which manages to mix together, in a single display of affectation, Mies van der Rohe's famous utterance with a misinterpreted extract from Kant and Baumgarten, and even, perhaps, aims to contradict the Platonic superposition of the good and the beautiful. However, being accustomed to modern architects' lack of philosophical exactitude, I assumed that it was merely a way of explaining that *la Mostra* would attempt to stress architecture and town planning's social and human content over and above the usual formalistic broadsides fired by the propaganda of a modernity in ever-deepening crisis. This hope was my second sensation.

However, once in Venice, wandering through halls and pavillions, reading allegedly explanatory texts, I realised that there were no grounds even for this benevolent interpretation. This *Mostra* represented the culmination of aesthetic excess, without even so much as a sideways glance towards Platonism. What was worse, its preachy aesthetics were often borrowed from the exhibition customs of other arts and contained few specifically architectural features. The great columned hall of the Arsenal which, in 1980, formed the backdrop for the *Strada Novissima* under the guidance of Paolo Portoghesi, with all the architectural thrust of postmodernism (wrong-headed, perhaps, but committed to the discipline), this year seemed a pale reflection of Kassel's *Documenta* or the Biennale's own painting exhibitions: the *Strada Novissima* highlighted the problems raised by an aesthetic change in architecture and posed a range of methodological and even ethical consequences which would allow one to understand—and thus criticise—the agendas and preoccupations of a generation of architects. Unfortunately, this year's *Mostra* might also be seen as the testament of another generation. If so, it must be admitted that this generation has lost all reference to some

Barcelona, 1925. Arquitecto, urbanista y diseñador. Asociado desde 1962 con Josep Martorell y David Mackay en el grupo MBM. Catedrático emérito de la Escuela Técnica Superior de Arquitectura de Barcelona, de la que fue Director. Responsable del Área de Urbanismo (1980-84) y Regidor del Área de Cultura (1991-1994) del Ayuntamiento de Barcelona.

Born in 1925 in Barcelona. Architect, planner and designer. Partner with Josep Martorell and David in the M-B-M Group since 1962. Professor Emeritus of Barcelona's Higher Architecture School, of which he was formerly Director. Head of Planning (1980-84) and Culture (1991-1994) at Barcelona City Council.

do las referencias a algunos datos esenciales de la arquitectura, del urbanismo y de la compleja trama de la sociabilidad en la que siempre se había apoyado. Se ha quedado sin ética y, por lo tanto, sin estética, si utilizamos las dos palabras sin demasiada demagogia.

Pero no hacía falta esa *Mostra* para apreciar la ausencia de arquitectura en muchas arquitecturas recientes o en muchas actividades proyectuales paralelas. Por ejemplo, se podía observar sintomáticamente, en la evolución del diseño industrial producido por los arquitectos, porque en este campo la invención formal se mueve todavía con mayor libertad y menos exigencias funcionales y productivas, sobre todo cuando los campos de trabajo que los arquitectos suelen escoger no implican grandes complicaciones técnicas y organizativas, o repiten funciones ya experimentadas, a las que hay que añadir solamente trazos estilísticos, traídos, en el mejor de los casos, de las experiencias de otras artes o, en el peor, del *souvenir* o del *gadget* fuera de escala.

Es evidente que el diseño —sobre todo el diseño de objetos tradicionalmente más cotidianos— nació en el ámbito de los profesionales de la arquitectura, dentro del empuje instaurador del Movimiento Moderno. Pero eso fue cuando en la propia arquitectura —y en el urbanismo— se mantenían muy fuertes los principios de la economía, la lógica constructiva, la funcionalidad, el anti-estilismo, la estandarización, el servicio colectivo e incluso la voluntad de intervenir en el cambio de las formas de vida y —con entusiasmo ingenuo y desmedido— en la transformación de la sociedad. Aceptando provisionalmente la nomenclatura veneciana, hablaríamos de ciertos principios éticos.

Pero hubo un momento en que los arquitectos quisieron entrar en la élite del consumo artístico, como habían hecho los demás artistas. Los primeros pasos se dieron, naturalmente, en el campo del diseño. Para que una silla, una lámpara, una mesa, un florero o un cenicero se pagase por su firma y por su impertinencia artística —como una litografía de Picasso o un móvil de Calder— había que abandonar aquellos principios éticos y pasar a la estética del *bibelot*. Con ello, los arquitectos

of the most essential points of architecture, town planning and the complex web of sociability which has always formed its support. It has been left without ethics, and thus without aesthetics, if we can use these two words without too much demagogy.

However, we did not need this *Mostra* in order to reveal the lack of architecture in much recent architecture or many parallel projects. It can be observed symptomatically, for example, in the evolution of industrial design at the hand of architects, since, in this field, invention of forms still takes place with greater freedom and with fewer functional and productive restrictions, especially when the subjects most often chosen by architects are of little technical complexity or carry out already accomplished functions, to which only a few stylistic flourishes need be added, borrowed at best from the experience of other arts or, at worst, from overgrown gadgets or souvenirs.

It is clear that design—and especially the design of traditionally commonplace objects—was born at the hands of architects, as part of the founding thrust of the Modern movement. However, this was when architecture and town planning still held dear the principles of economy, constructive logic, functionality, anti-stylism, standardisation, serving the greater good and even a desire to help change the way of life and—with naïve, unbounded enthusiasm—to transform society. If we were to accept the Venetian nomenclature for a moment, we would be speaking of certain ethical principles.

Nonetheless, the time came when architects wished to form part of the consumer art elite, as had other artists before them. The first steps to this end were taken, naturally enough, in the field of design. In order for money to change hands for the signature on a lamp, table, vase or ashtray, or for its artistic impertinence, much as it would for a Picasso lithograph or a Calder mobile, such ethical principles had to be abandoned in a rush for the bibelot aesthetic. Architects thus abandoned design's production questions, which were left in the hands of those professionals more attuned to the realities of manufacture and usage. The world of machines—from cars to washing machines, from tools to satellite, of

Dos de los diseños de Bohigas para iluminación doméstica y urbana: lámpara de pared *MBM-2* (1966), diseñada por Martorell-Bohigas-Mackay para las porterías de sus edificios y producida por Polinax y DAE; y columna luminosa *Andrea* (1991), ideada para la iluminación del Puerto Olímpico de Barcelona, un diseño de Martorell-Bohigas-Mackay-Puigdomènech producido por DAE.

Two of Bohigas' domestic and urban lighting designs. The MBM-2 wall lamp, designed by Martorell-Bohigas-Mackay in 1966 for the entrances of their buildings. Produced by Polinax and DAE. The Andrea light column, designed for Barcelona's Olympic Port by Martorell-Bohigas-Mackay-Puigdomènech in 1991 and manufactured by DAE.

abandonaron la línea productiva del diseño, que quedó en manos de otros profesionales mejor dispuestos a la realidad de la producción y del uso. El mundo de las máquinas —del automóvil a los electrodomésticos, de las herramientas a los satélites, los ordenadores, los televisores y otros objetos de diseño auténticamente complejo— ya no había dado entrada a los arquitectos, pero ahora también eran expulsados —por su propia voluntad o por su desidia— del mobiliario y de los objetos más cotidianos. Hoy día las grandes firmas de producción en serie, con proyectistas anónimos pero muy profesionalizados, son las que ocupan acertadamente el mercado, y lo ocupan con unos diseños más fieles a los principios del Movimiento Moderno que los de los arquitectos que se empeñan en proclamar el valor de la genialidad de la firma en un objeto inútil y caro. Y, además, esas grandes industrias han sabido interpretar mejor el legado artístico de las vanguardias: muchas sillas de Ikea o de las industrias de Taiwán no sólo son más baratas, sino más bellas y, sobre todo, más utilizables que las de Gehry, Sottsass o Mendini.

Los arquitectos, pues, hace mucho tiempo que han abandonado los principios del diseño —y, por lo tanto, el diseño—, pero, según hemos visto en Venecia, muchos de ellos también han abandonado los de la arquitectura. Reconocemos muchas excepciones meritorias, pero de estas excepciones no se hace nunca publicidad ni se señalan como testimonios. Están fuera del circuito.

Quizás estas reflexiones pesimistas sobre la situación actual de la arquitectura son demasiado exageradas o demasiado dirigidas por una voluntad polémica en favor de la necesidad de reformular la posición de los arquitectos en esta sociedad abocada a un consumismo que supera incluso las exageraciones del liberalismo económico. Al leer el clarividente texto del presente libro he aprendido muchas cosas y, sobre todo, he confirmado que el contenido de estas reflexiones podía ser a la vez cierto y exagerado.

Capella coincide en apreciar esa curva de desvanecimiento en la historia del diseño de los arquitectos. El impacto de la industrialización en el ochocientos, el *Art Nouveau*, la Bauhaus, la plenitud del diseño nórdico

computers, TVs, and other areas where design was a truly complex matter—had never been tackled by architects, but they now find themselves excluded (either at their own wish or as the result of neglect) from that of furniture and other most commonplace objects. Today, it is the large mass-production firms, with their anonymous yet highly professional designers, who have successfully occupied the marketplace with designs closer to the ideals of the Modern Movement than those of architects, who insist on proclaiming their genius through expensive, useless objects. What is more, these huge industries have been more able to interpret the artistic legacy of the vanguards: many chairs from Ikea or Taiwanese industry are not only cheaper, but more beautiful and, above all, more useable than those created by Gehry, Sottsass or Mendini.

It has thus been some time since architects abandoned the principles of design, and therefore design itself and as we have seen in Venice, many of them have also abandoned those of architecture. Although it is fair to say that there are many worthy exceptions to this rule, the fact is that these exceptions are never publicised or held up as examples. They are off the circuit.

It may well be that these pessimistic thoughts on the current state of architecture are overly exaggerated or too much the result of a desire to stir up debate on the need to reformulate the position of architects in a society where consumerism has outstripped even the wildest postulations of neo-liberalism. I have learnt a great deal from this far-sighted book: above all, I have confirmed my feeling that these thoughts may be both true yet exaggerated.

Capella also appreciates this downward trend in the history of design by architects. The impact of industrialisation in the eighteen hundreds, Art Nouveau, Bauhaus, the zenith of Nordic and Italian design in the sixties are all glorious periods, most due to architects, which, at a certain point in time, dissipated into banality, leaving the way clear for industry's often anonymous designers, who tend to be better, more opportune and (one of history's many paradoxes) more ethical and cultured.

e italiano de los 60 son fases gloriosas —la mayoría en manos de los arquitectos— que, a partir de un determinado momento se han difuminado en ciertas banalidades, dejando paso libre a los diseñadores a menudo anónimos de la industria, que suelen ser mejores, más oportunos y —¡paradojas de la historia!— más éticos y más cultos. Sin embargo, con una visión crítica muy acertada, se subrayan unos valores permanentes e indiscutibles en este proceso. Los arquitectos han sido —y, en parte, siguen siendo— investigadores sectoriales, inventores directos o indirectos de muchos modelos. Esto es evidente en las primeras fases de la historia pero también lo es en las últimas, aunque sea con una gran contradicción metodológica. Radical Design, Global Tools, Alchimia, etc. en los primeros 70 abren un período que podríamos llamar contestatario: el nuevo diseño "no tiene voluntad de llegar a las tiendas, sino de golpear las conciencias", como dice el autor. ¿Pero de qué contestación se trata? Sin duda contra el camino de la vulgaridad y el mercantilismo industrial. Y para oponerse a esta comercialización se plantea como solución salvadora y revolucionaria —aunque sólo sea para "golpear las conciencias"— el mercantilismo artístico, la apertura de un consumismo de élite que asimila desvergonzadamente los métodos del escandaloso mercado del arte ¿Es este un camino realmente contestatario o una simple justificación de unas nuevas leyes del mercado y una adaptación a las demandas de unos clientes cada vez más acríticos? Cualquier línea de investigación y de contradicción es meritoria; pero, ¿no habremos equivocado el camino? ¿Se trata de una revolución hacia el reencuentro de las bases éticas del diseño, o es una graciosa y elegante pantomima, una manera de disfrazar "artísticamente" la incapacidad cultural y política del diseño de los arquitectos?

El magnífico libro que el lector tiene entre manos ofrece abundantísima información sobre esos temas y abre opiniones muy certeras y muy documentadas. Con ello, quizás, el lector podrá formular respuestas propias a estas cuestiones.

However, he also highlights, with true-sighted critical vision, certain permanent, unquestionable values inherent in this process. Architects have been—and, in part, continue to be—thematic researchers and the direct or indirect inventors of many items. This is clear from both the initial stages of the story and also from the most recent, albeit with great methodological contradictions. In the early seventies, Radical Design, Global Tools, Alchimia, etc. ushered in an era which could well be described as anti-establishment: the aim of new design being "not to stock shops, but to prick consciences", as the author puts it. But what is this "establishment" against which they are rebelling? The answer is clear: that of increasing vulgarity and industrial commercialism. To oppose this process, the revolutionary, world-saving solution offered, even if only to "prick consciences", is artistic commercialisation, the creation of an elitist consumerism which shamelessly apes the *modus operandi* of the outrageous art market. Is this approach really rebellious or, in fact, merely a justification of new market forces and the assumption of the demands of an increasingly uncritical clientele? Any line of research or of contradiction has its merits, but have we not gone the wrong way? What are we dealing with: a revolution leading us back to design's ethical bases or a witty, elegant pantomime which "artistically" cloaks the cultural and political failings of design by architects?

This magnificent book will provide its readers with abundant information on these issues, providing insight and well founded, and well documented, opinion. Armed with it, they may well be able to find their own answers to these questions.

Colección de cerámicas útiles, diseñadas por Giuseppe Raimondi en 1975 y producidas por Anthologie Quartett. La capilla de Ronchamp, de Le Corbusier; el Gimnasio Nacional de Tokio, de Kenzo Tange; y la Ópera de Sidney, de Jørn Utzon, convertidos en cajas. El Guggenheim de Nueva York, de Wright, como huevera.

A collection of useful ceramic tiles, designed by Giuseppe Raimondi in 1975 and manufactured by Anthologie Quartett. Le Corbusier's Ronchamp chapel, Kenzo Tange's National Gymnasium in Tokyo, Jørn Utzon's Sydney Opera House converted into boxes and Wright's New York Guggenheim as an eggcup.

Arquitecturas Diminutas

Diseños de arquitecto en el siglo XX
Designs by the twentieth-century architect

Tiny Architecture

Diseños de arquitecto en el siglo xx
Designs by the twentieth-century architect

"Un pastel normalmente sabe mejor cuando tiene buen aspecto. Un flan tiene buen aspecto, de hecho no hay nada que no me guste si tiene buen aspecto."

"A cake usually tastes best when it looks nice. A custard flan looks nice all right –actually there's nothing I dislike, if it looks nice."

Arne Jacobsen

¿Existe una manera diferente de diseñar un edificio y una silla? ¿Cómo encaran los arquitectos el diseño de objetos? ¿Son los arquitectos buenos diseñadores?

A la mayoría de arquitectos del siglo XX, desde Wright a Foster, les gusta decir que "arquitectura y diseño son lo mismo". Pero si analizamos con detenimiento cómo han acometido el diseño de muebles y objetos, descubrimos que la mayoría de arquitectos han ejercido el diseño de forma netamente subsidiaria respecto a la madre arquitectura.

De entrada hay que reconocer que a la mayoría el diseño les ha importado bien poco. Muchos arquitectos, a pesar de la proximidad conceptual y práctica entre ambas ocupaciones, jamás se han detenido a dibujar un mueble, como Kahn o Stirling. Y los que lo han hecho no siempre han salido victoriosos del trance. Ni siquiera los que salieron airosos y de forma brillante —Hoffmann, Breuer, Mies, Aalto, Jacobsen...— podemos decir que prestasen verdadera atención al tema, como demuestran sus respectivas carreras profesionales, donde el diseño fue menguando a medida que aumentó su parcela edificatoria.

Digamos que el diseño ha actuado como labor paralela compensatoria, que ha ocupado huecos en circunstancias concretas. A veces ha sido la forma rápida de tener "obra" que sirviese como trampolín para lanzarse a la arquitectura. Otras veces ha sido el refugio donde los arquitectos se ejercitaban cuando, por las razones que fuere, se les negaba la posibilidad de construir. El diseño también ha sido un importante banco de pruebas y experimentación. Un microuniverso con claras semejanzas con la arquitectura donde descomponer estructura de piel, donde discutir entregas, explorar materiales y acabados. O, parafraseando a Le Corbusier, simplemente poner "volúmenes bajo la luz del sol" (en este caso de las lámparas), indagando en aspectos geométricos y formales.

Pero el diseño también ha sido a veces un accidente, una obligación, un trámite... Y en muchas ocasiones, un capricho del arquitecto, un divertimento para ponerse a prueba y materializar alguno de sus sueños formales. Asimismo ha supuesto un reto en determinadas circuns-

Is designing a building different from designing a chair? How do architects approach designing objects? Are architects good designers? Most twentieth-century architects, from Wright to Foster, like to say that architecture and design are one and the same thing. However, closer analysis of their approach to designing furniture and other objects reveals that most architects have given design distinctly lower priority than "mother architecture".

First of all, it has to be admitted that, for most architects, design is distinctly unimportant. Many, in spite of the close conceptual and practical proximity between the two disciplines, have never stopped to sketch a single piece of furniture, like Kahn or Stirling. What is more, those who have done so have not always come out well from this incursion. Even those who did come out with flying colours, such as Hoffmann, Breuer, Mies van der Rohe, Aalto or Jacobsen, actually paid scant attention to the matter, gradually abandoning design as the number of buildings to their name increased.

It could be said that design has acted as a parallel, rewarding task which has filled a gap in specific circumstances. At times, it has served as a corpus of "work" which acts as a springboard into the world of architecture. At others, design has acted as a place of refuge when denied the possibility of building. It has also acted as a significant test bed and experimentation resource: a micro-universe, with clear similarities to architecture, in which it is possible to separate skin from structure, and investigate materials and finishes. Or, paraphrasing Le Corbusier, simply to put "volumes under the light of the sun" (in this case the light of a lamp), investigating geometry and form. However, on other occasions, design has been an accident, a duty or a procedural step. Often it has been a whim of the architect, a divertimento designed to test himself and put into physical form some of his flights of formal fantasy. It has also been a challenge at certain stages of history, when it was believed that everything had to be re-invented, starting with a clean slate.

Generally speaking, however, architects, despite having invented "industrial design" and being its leading figures, have preferred to devote

Gaudí

Gaudí se implicaba en cuerpo y alma en sus obras y gustaba de definir hasta el último detalle. Su concepción sinuosa y naturalista de la arquitectura también queda expresada en su mobiliario. Cualquier material parecía plástico en sus manos: en la Pedrera (1912), con un ondulante muro cortina de piedra, o en el banco de la Casa Batlló (1906), moldeando la madera.

Gaudí become involved body and soul with his works, aiming to define the very smallest detail. His sinuous, natural conception of architecture is also reflected in his furniture. Any material was putty in his hands: examples include the Pedrera (1912) with its undulating stone curtain wall and the casa Batlló bench (1906) made from moulded wood.

Chochol / Gocár

Ciertamente cada estilo arquitectónico ha dispuesto de un paralelo en el mobiliario; a veces, sin relación aparente. Sin embargo, en otras ocasiones la similitud ha sido espectacular: durante el denominado Cubismo Checo, edificios y muebles, aun siendo de autores diversos, podían prácticamente intercambiarse. Arriba, edificio en Praga (1913), de Josef Chochol; y abajo, vitrina del mismo año de Josef Gocár.

Whilst it is true that each architectural style had its parallel style in furniture, the relationship is not always clear. At times, however, the similarity is truly striking. During the so-called Czech Cubism, buildings and furniture, even those with different creators, were practically interchangeable. Prague building (1913) by Josef Chochol(above) and glass cabinet from the same year by Josef Gocár (below).

tancias históricas, cuando se pensaba que todo estaba por reinventar y se partía de cero.
Pero definitivamente los arquitectos, aun siendo los inventores y principales protagonistas del "diseño industrial", han preferido dedicarse a "las piedras". El arquitecto siempre ha sentido una irrefrenable necesidad de crear, de dibujar y, acto seguido, edificar. Si no podía construir una catedral, optaba por una fábrica, un edificio o una tienda, o por una lámpara si no había más remedio. Deseando la escala mayor, pero aceptando como entrenamiento otros encargos menores, como el jugador de fútbol que hace ejercicios en el banquillo, pero que lo que verdaderamente desea es salir al campo a lucirse. Quien diga lo contrario o no es muy arquitecto o constituye una excepción.
El propósito de este libro es explicar el modo en que este colectivo ha ejercido el diseño. Conocer sus intenciones y, sobre todo, sus propuestas reales; esa es la voluntad de las páginas que siguen a este texto, en las que se ha evitado la ordenación cronológica para así poder comparar tipológicamente "manzanas con manzanas" y abordar lecturas transversales de periodos y cruce de autores.

¿Cuchara = ciudad?

¿Está capacitado el arquitecto para diseñar? ¿Cómo se determinan sus atribuciones laborales? En los años 50 el arquitecto y crítico italiano Ernesto Rogers formuló acertadamente el concepto "dal cucchiaio alla città" —retomando una propuesta de Gropius— para intentar delimitar el ámbito creativo de los arquitectos. La tesis que se argüía es que existía un único hilo conductor capaz de hilvanar tareas creativas tan dispares como el diseño de una pieza de cubertería o la organización de un asentamiento urbano.
Dicho de otra forma: diseño y urbanismo eran lo mismo —oficio del arquitecto— y se interconectaban a través de un repertorio escalonado creciente, al menos en su dimensión física: diseño de objetos, diseño industrial, mobiliario, interiorismo, arquitectura doméstica, pública, planeamiento, paisajismo, diseño territorial... De lo diminuto a lo inmenso. Sin departamentos estancos.
No obstante, la interpretación de la frase de Rogers no es del todo clara. De este modo la matizaba Carla Venosta en 1983 en el catálogo de una exposición titulada precisamente *Dal cucchiaio alla città, nell'itinerario di 100 designers*, celebrada en la Triennale de Milán: "Con el término *cuchara*, Rogers quería indicar, a través de un objeto absolutamente particular y definido, algo mucho más general. Y lo mismo vale para *ciudad*. Es probable que él identificase en la cuchara una forma muy elemental, con la implícita asunción de que se tratase de una escala que se interrelacionaba con el hombre sobre una base de definidas correspondencias funcionales. En la ciudad, en cambio, una escala de alta complejidad, en la cual es menos simple la identificación de las correspondencias funcionales." Así pues, y a pesar de su ligazón, es posible encontrar una familia de conceptos casi contrapuestos para cada polo de actividad. Por ejemplo:
La cuchara es: pequeña, privada, estándar, elemental, aprensible, inerte...

themselves to "bricks and mortar". They have always felt an irresistible need to create, design and then immediately build. If not a cathedral, then a factory, a building, a shop or, failing that, a lamp. Always aiming for the largest scale possible, by accepting as a training ground other lesser assignments, much as a football player who warms up on the sidelines but is really itching to get onto the pitch to show off his skills. Anyone who disagrees is either not a real architect or is an exception to the rule.
This book looks at how architects have tackled design. It seeks to understand their intentions and, above all, the works themselves, avoiding a strictly chronological timeline so as to compare "apples with apples" dovetailing and counterpointing periods and authors.

Spoon = city?

Are architects qualified to design? How are their job functions assigned? In the fifties, the Italian architect and critic Ernesto Rogers, picking up a theme of Gropius, devised the concept of *dal cucchiaio alla città* ("from the spoon to the city"), in an attempt to define the creative scope of architects on the basis of a thread uniting creative tasks as diverse as the design of a piece of cutlery and the organisation of the urban environment.
Put another way, design and town planning were one and the same—the job of the architect—and were inter-connected by an increasing continuum, physically speaking at least: object design, industrial design, furniture, interior design, domestic architecture, public architecture, landscaping, town and country planning, etc. From the infinitely small to the immensely large, with no watertight compartments.
However, interpreting the phrase is no easy task. As Carla Venosta wrote in 1983 in the catalogue of an exhibition entitled, appropriately enough, *Dal cucchiaio alla città, nell'itinerario di 100 designers* and held at the Milan *Triennale*: "By employing the term spoon, a completely specific, defined object, Rogers meant to indicate something much more general in nature. And the same is true for the 'city'. He probably identified in the spoon a highly elemental form, with the implicit assumption that we are dealing with a level which interrelates with mankind on the basis of defined functional roles. The city, on the other hand, stands at a highly complex level, in which the identification of functional roles is less simple."
Thus, in spite of the links between them, one can find a number of almost contradictory concepts at each end of the spectrum. For example:
The spoon is: small, private, standard, elementary, graspable, inert...
The city is: large, public, unique, systematic, boundless, alive...
Nonetheless, both share the same creative process: an idea forged in the mind of its creator, which, by way of drawn and written documentation and a complex production system, becomes reality. The same for both spoon and city. An architect is thus intellectually legitimised (and has always been on a practical level) to tackle the task of both small- and large-scale design.

Portoghesi

Isozaki

La forma serpenteante de la cubierta cilíndrica del Club de Campo Fujimi (1974) de Isozaki se puede "jibarizar" hasta convertirse en un elegante anillo para Cleto Munari (1986).

The snake-like lines of the cylindrical roof of Isozaki's Fujimi Country Club can be shrunk into an elegant ring for Cleto Munari (1986).

Los arabizantes entramados, habituales en la obra de Paolo Portoghesi tanto pueden coronar la estructura para el quiosco de un florista en Roma (1985) como una vela. Candelabro producido por Alessi (1999).

The Arabic-style frameworks, so typical of the work of Paolo Portoghesi, can support either a florist's kiosk in Rome (1985) or a candle. Candlestick designed for Alessi (1999).

La ciudad es: grande, pública, única, sistémica, inabarcable, viva... Pero ambas comparten un mismo proceso creativo: una idea forjada en la mente del creador que, con una documentación dibujada y escrita y mediante un complejo sistema productivo, acaba haciéndose realidad. Tanto la cuchara como la ciudad. El arquitecto, pues, quedaba intelectualmente legitimado —en la práctica desde siempre— para hacerse con las riendas del diseño a pequeña y gran escala.

1880-1920
Arquitectos-diseñadores INTEGRALES
Una sola disciplina

Las teorías antiindustriales de los ingleses Pugin y Ruskin empapan la actividad en el campo del diseño de los arquitectos europeos de la segunda mitad del siglo XIX. El denominado *Arts & Crafts*, encabezado por William Morris, es la plasmación de sus postulados, supone la reivindicación de la artesanía frente a la invasión de la industrialización, que ya empieza a mostrar su huella en el mobiliario y los objetos domésticos. Los arquitectos deben buscar artesanos o talleres para completar armoniosamente los interiores de las casas. El producto en serie carece de dignidad: degrada a quien lo produce y a quien lo ostenta. Se percibe en esos años una responsabilidad social en el proceso de fabricación que impregna a todos los agentes implicados.
En este caldo de cultivo surge un amplio movimiento que lleva hasta sus extremos la capacidad expresiva de los arquitectos y que en cierta forma supone una asunción del papel artesano en el diseño, aunque al mismo tiempo pone en evidencia sus límites. El movimiento en cuestión adoptará diversos nombres: *Art Nouveau* en Francia, *Jugendstil* en Alemania, Modernismo en España, *Liberty* en Italia, *Secession* en Austria o Escuela de Glasgow en el Reino Unido. Y, por supuesto, responde a muy variados intereses y resultados, puesto que se trata de un movimiento eminentemente individualista. A menudo tan sólo se ha destacado el aspecto epidérmico de este movimiento, su decorativismo militante, pero en bastantes ocasiones sus diseños muestran interesantes innovaciones estructurales. Además, diversos autores del momento —Van de Velde, Wagner, Hoffmann...— van a ser precursores de la gran convulsión creativa que se avecina con las vanguardias.

Ser original es ir al origen

Antonio Gaudí, Hector Guimard o Charles Rennie Mackintosh diseñan personalmente o con colaboradores muy allegados el mobiliario de sus edificios. No como un encargo paralelo o posterior, sino como parte indisociable del proyecto constructivo. Y lo hacen de forma original, buscando la innovación y la particularidad de lo creado. Existe un alma unitaria para cada proyecto, un único espíritu que anima arquitectura con mobiliario, decoración y arte.
Cambiando de continente, en Estados Unidos encontramos una figura similar: Frank Lloyd Wright, que, aunque inauguró y desarrolló diversos estilos arquitectónicos a lo largo de su dilatada carrera, siempre integró el diseño de mobiliario, complementos, lámparas y tejidos dentro

1880-1920
The architect/designer AS THE WHOLE MAN
A single discipline

The anti-industrial theories of A.W.N. Pugin and John Ruskin are at the heart of the designs of European architects in the second half of the nineteenth century. The Arts & Crafts movement, headed by William Morris, gave form to their theories and stressed craftsmanship in contrast to the increasing tide of industrialisation which had already begun to make its mark on domestic furniture and other objects. Architects should seek craftsmen or workshops which would take charge of the harmonious completion of a house's interior. Mass-produced goods lacked dignity, degrading both those who produce them and those who acquired them. The manufacturing process should involve a sense of social responsibility on the part of all those involved in it.
These ideals provided the breeding ground for a wide-ranging movement which took the expressive capacity of architects to hitherto unrealised extremes. In some senses, the movement involved their assuming the role of artisan in the field of design. At the same time, however, it made its limits clear. It went under various names: Art Nouveau in France, Jugendstil in Germany, Modernismo in Spain, Liberty in Italy, Secession in Austria or the Glasgow School in the United Kingdom and involved, as is only to be expected from such an individualistic movement, a wide range of interests and end results. Emphasis is often given to the external aspects of the movement and its stress on highly decorative elements: nonetheless, its designs fairly frequently involved interesting structural innovations. Furthermore, a number of the leading figures of the time—Van de Velde, Wagner, Hoffmann, etc.—would be the precursors of the creative revolution heralded by the vanguardists.

To be original is to go back to the origins

Antoni Gaudí, Hector Guimard or Charles Rennie Mackintosh either designed the furniture for their buildings personally, or worked with extremely close collaborators. Not as a parallel or subsequent assignment, but rather as an integral part of the construction project. They also employed an original approach, seeking innovation and individualism for their creations. For them, each project had a single, unifying spirit, inspiring architecture, furniture, decoration and art as one.
Across the Atlantic, the US provides a similar figure in Frank Lloyd Wright who, although he introduced and developed a number of architectural styles over the course of his lengthy career, always integrated the design of furniture, lamps and fabrics within his architecture. He designed the furniture for most of his works and nearly 400 pieces he produced for 100 of his catalogued interiors survive.
In summary, during this period it can be said that the architect interested in designing furniture had an integrated attitude in which the goal was to produce a harmonious, overall work, in which decoration (be it

Tusquets

Oscar Tusquets es un arquitecto-diseñador cuyos diseños no resultan demasiado miméticos respecto a su obra construida, pero en la estantería *Columnata*, para Dríade (1994), se refleja la imagen de una de sus primeras obras, realizada junto con Lluís Clotet, una casa en la isla de Pantelleria, en Grecia (1972-75) con una columnata, que ha seguido repitiendo en posteriores obras.

Oscar Tusquets is an architect whose buildings and designs often have little in common, but his Columnata *shelving for Dríade (1994) is a reflection of one of his first works, designed in partnership with Lluís Clotet, a house on the island of Pantelleria, Greece (1972-75) with a colonnade which has been a common theme of many of his works.*

Venturi

Robert Venturi es uno de los arquitectos más coherentes en su forma de acometer e diseño: al igual que en su arquitectura utiliza metalenguajes de iconografía comercia decorativismo y referencias historicas. En su colección de sillas para Knoll (1979-84 ironizó con la silueta recortada de una silla de estilo, como ya había hecho anterior mente con las aristas del edificio-museo en el monumento homenaje a Franklin, en Filadelfia (1972).

Robert Venturi is one of the most consistent of all in his approach to design, employin both the meta-languages of commercial and Decorativist iconography and historica references, as he does with his architecture. In his collection of chairs for Knoll (1979 84), he tested ironically with the cut-out silhouette of a style chair, in much the sam way as he marked the edges of the museum building in the monument in honour o Franklin in Philadelphia (1972).

de la categoría arquitectónica. De hecho, diseñó el mobiliario de la mayoría de sus obras, y se conserva un total de cerca de 400 piezas.
En síntesis, podemos calificar como de integral la actitud del arquitecto interesado en diseñar mobiliario durante este periodo, ya que su objetivo es constituir una obra de arte armoniosa y conjunta, una concepción que incluye la decoración, tanto si esta es figurativa como geométrica. Existen diferencias entre disciplinas —arquitectura y objeto—, pero un único proceso generativo y un sistema productivo hilvanado. Otro apunte importante al respecto: la mayoría de piezas eran diseñadas para un solo uso, pensadas para un ámbito concreto y siguiendo los requerimientos estilísticos, constructivos y de presupuesto de cada ocasión. Sólo eventualmente se procedía a la repetición de modelos, habitualmente añadiendo pequeños cambios y adaptaciones. En este sentido es significativo que el propio Wright tuviese que esperar hasta 1953 —cuando gozaba ya de gran fama— para presentar su primera colección de mobiliario producida en serie, la *Heritage-Henredon*, la cual, por cierto, fue un notable fracaso comercial.

1910-1930
Arquitectos-diseñadores HEROICOS
La revolución de la máquina

El momento glorioso en el diseño de mobiliario de arquitectos llega de la mano de un debate mayor, la propia revolución de la arquitectura. El advenimiento definitivo de la sociedad industrial y las vanguardias artísticas europeas de entreguerras van a dar lugar a un reajuste radical de la forma de entender la arquitectura. Este cambio irá emparejado a un eufórico sentimiento de tránsito y cambio social, a una auténtica revolución. El mobiliario, entendido como una expresión más de la cultura material del entorno humano, deberá también por consiguiente ser revisado partiendo de la nada.
Adolf Loos con su pluma y sus proyectos proclamará la indecencia del ornamento, síntoma de salvajismo, y abrirá las puertas para un diseño estrictamente funcional.
En 1907 se crea en Múnich la Deutscher Werkbund, una asociación de arquitectos artesanos y artistas con empresarios, para promover la calidad del producto y del trabajo, que asume ya un desarrollo tanto artesanal como mecánico y que reivindica la seriación, en constante perfeccionamiento, como signo de los tiempos. En palabras de uno de sus principales impulsores, Hermann Muthesius, "La arquitectura tiende a lo típico. El tipo descarta lo extraordinario y establece un orden". Mientras tanto, en otras ciudades europeas se crean entidades similares, asociaciones de diseñadores y artesanos prevenidos para afrontar los vertiginosos cambios que se avecinan.
Ese mismo año, 1907, Peter Behrens será el primer arquitecto multidisciplinar, responsable no sólo del diseño de la nueva fábrica de la AEG, sino también de sus productos, de su embalaje, logotipo, catálogos, imagen gráfica, publicidad y tiendas. Como curiosidad, vale la pena recordar que Mies, Le Corbusier y Gropius pasaron por el despacho de Behrens, donde sin duda quedaron impregnados del virus del diseño.

figurative or geometric) was fully accepted. Architectural work and the design of objects are regarded as different disciplines which nonetheless formed part of a single generative process and an interlinked production system. Another important point: most objects were individually designed for a specific environment within the constraints of particular stylistic, construction and budgetary requirements. Only occasionally were items repeated, often with small changes and adaptations; it is significant that a figure of the stature of Lloyd Wright had to wait until 1953, when he already enjoyed great fame, to present his first collection of mass-produced furniture, the Heritage-Henredon, which incidentally proved to be a commercial flop.

1910-1930
The architect/designer AS HERO
The machine revolution

The moment of greatest glory for architect-designer furniture arrived as part of a larger phenomenon, the revolution in architecture itself. The definitive implantation of the industrial society and the European artistic vanguards of the inter-war period brought with them a radical shift in the way in which architecture was understood. This change formed part of the time's euphoric sense of transition and social change, of true revolution. Furniture, therefore, being another form of expression of the human environment's material culture, also needed to be entirely rethought.
Adolf Loos, with his pen and his projects, proclaimed the indecency of ornament as a symptom of savagery, and opened the doors to the world of strictly functional design.
In 1907 Munich saw the foundation of the Deutscher Werkbund, an association uniting architects, craftsmen and artists with the business community with the aim of promoting quality products and work, be they hand-crafted or mass-produced, but advocating constant improvement in mass production as a sign of the times. In the words of one of its principal figures, Hermann Muthesius, "architecture tends to standardise. Standardisation rejects what is extraordinary and establishes order". In other European cities, similar associations of designers and artisans were created to help them tackle the rapid and dramatic changes appearing on the horizon.
In the same year, Peter Behrens would be the first architect responsible for the design not only of a new factory for a company (AEG), but also of its products, packaging, logo, catalogues, graphic image, advertising and shops. It is interesting to note that Mies van der Rohe, Le Corbusier and Gropius all spent time working at Behrens' office, where they doubtless became infected with the design bug.

The spark of Bauhaus

In 1919 Berliner Walter Gropius accepted the invitation extended by Henry van de Velde to head the School of Applied Arts, whose merger with the Fine Arts Institute gave rise to the Bauhaus, the intention of which was to "group together all artistic disciplines around architecture

Hadid

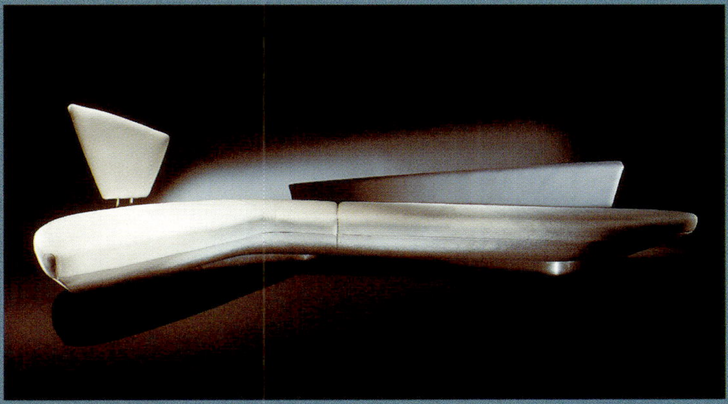

Cuanto más radical es el lenguaje utilizado, mayor posibilidad de emparejamiento existe entre arquitectura y diseño. El pabellón de bomberos de Zaha Hadid para Vitra (1993) podría ser un mueble; y el *Low Sofa* para Edra (1988), un edificio.

The more radical the language employed, the greater the possibility of pairing architecture and design. Zaha Hadid's fire station for Vitra (1993) could easily be a piece of furniture, and the Low Sofa *for Edra (1988) a building.*

Hollein

El alero arquitectónico de Hollein, usado repetidas veces en sus proyectos (apartamentos en Berlín y ampliación del Museo de Artes Aplicadas de Viena) se convierte en un elegante frutero para Cleto Munari (1979-80).

Hollein's architectural eaves, used over and over again in his projects (for example, apartment blocks in Berlin and the extension to the Vienna Museum of Applied Arts) are here converted into an elegant fruit bowl for Cleto Munari (1979-80).

La mecha de la Bauhaus

En 1919 el berlinés Walter Gropius acepta la proposición de Van de Velde de dirigir la Escuela de Artes Aplicadas, que, tras ser fusionada con el Instituto Superior de Bellas Artes, da origen a la Bahuaus, con la intención de "agrupar todas las disciplinas artísticas en torno a la arquitectura, en busca de un arte total". Influenciada por la corriente De Stilj, el constructivismo ruso y otros "ismos" del momento, la Bauhaus se convierte rápidamente en un agitado centro de debates y polémica. En sus talleres dirigidos por arquitectos nacerán los primeros muebles de tubo de la historia. Y lo que es más importante, se irá perfilando el concepto de "diseño industrial" —ya sin complejos antimecanicistas— para designar una nueva profesión, encargada de suministrar los planos e indicaciones técnicas para que la industria pueda fabricar convenientemente sus piezas.
Los arquitectos racionalistas hicieron una revolución al respecto, y reivindicaron la independencia de esta nueva disciplina, el diseño industrial, en relación con la propia arquitectura y el urbanismo. Jamás antes se había hablado de esta profesión y es justo decir que nació de la mano de los arquitectos, de Gropius en la Bauhaus y los maestros racionalistas. Aunque sería ingenuo pensar que ellos la impusiesen: simplemente la industria la necesitaba con urgencia.

Casas y cosas serán máquinas

Le Corbusier, en su afán por descubrir al mundo entero una nueva estética acorde con el espíritu de los nuevos tiempos, consideró la silla como "une machine pour s'asseoir", en coherencia con su postulado de identificar la casa con "une machine à vivre". Al respecto Wright añadió "...pero sólo en tanto que el corazón de un hombre es una bomba de succión". El maestro Wright nunca estuvo de acuerdo con el purismo *lecorbuseriano* y eludió el contacto con él.
Tras alabar y usar en sus primeras obras los modelos de Thonet, Le Corbusier pasó a crear su propio repertorio que, según afirmaba, debía ser producido masivamente por la industria del automóvil a precios económicos. En su afán ordenador llegó a identificar y dibujar siete tipos de postura de reposo del hombre, empezando por el simple apoyo al acostarse, y diseñó los correspondientes artilugios para tales necesidades.
Cuando la joven Charlotte Perriand, que por entonces contaba veinte años, se acercó a pedir trabajo al estudio de la Rue de Sèvres fue el propio Le Corbusier quien le contestó con un radical "nosotros no decoramos cojines en nuestro estudio". Más tarde, sin embargo, cuando vio los trabajos de Perriand en tubo de acero cromado, no dudó en llamarla e incluso fagocitarle algunos modelos —como la famosa silla giratoria— que acabarían firmando conjuntamente. El arte decorativo —el floreciente *Art-Déco* de los alegres 20— era el enemigo; y el arquitecto, el salvador del mobiliario futuro. Algo similar le sucedió a Mies, quien inició su preocupación por el mobiliario de la mano de la decoradora Lilly Reich, consciente de que un nuevo estilo arquitectónico comportaba también un nuevo mobiliario. Con estos criterios produjo una

in search of total art". Influenced by the ideas of De Stilj, Russian constructivism and other contemporary ideals, the Bauhaus soon became the centre of lively debate and controversy. Its workshops, directed by architects, produced the first tubular furniture. More importantly, they fleshed out the concept of "industrial design", now shorn of any anti-mechanist complexes, giving rise to a new profession charged with providing plans and technical advice to allow industry to manufacture goods more effectively.
Rationalist architects revolutionised this field, claiming that the new discipline of industrial design was completely independent of both architecture and town planning. Never before had this profession been heard of, and it is only fair to recognise that its founding fathers were architects: Gropius from the Bauhaus and other rationalist masters. It would, however, be unfair to say that it was imposed by them: it was simply something that industry had an urgent need for.

Houses and things will be machines

Le Corbusier, in his eagerness to show the world a new aesthetic in tune with the new age, deemed the chair to be *une machine pour s'asseoir* in line with his assertion that a house was a *une machine à vivre*. To which Wright retorted "... but only insofar as a man's heart is a suction pump". Old Frank never agreed with *lecorbuserian* purism and avoided all contact with it.
Le Corbusier, after praising and employing the Thonet's models in his first works, later created his own pieces, saying that they should be mass-produced by the car industry at reasonable prices. In his desire for order, he identified and drew seven positions for man at rest, from simply leaning to lying down, and designed the relevant devices for each.
When the twenty year-old Charlotte Perriand sought work at the rue de Sèvres office, Le Corbusier tartly replied "we do not decorate cushions at our office". Later, however, when he saw her designs in chromed steel tube, he did not hesitate to call her and even digested some models (such as the famous swivel chair), which would go under both their names. Decorative art—for example the flourishing Art Deco of the Roaring Twenties—was the enemy and the architect the saviour of furniture's future. Something similar occurred with Mies van der Rohe, who was initiated into the world of furniture by the interior decorator Lilly Reich, conscious of the fact that a new style of architecture demanded a new style of furniture. He produced a dozen spectacular prototypes, creating an entirely new language which combined steel tube, extruded section and plate with wicker for chairs and sheet glass for tables.

Learning from the bicycle

It was apparently Bauhaus teacher Marcel Breuer (although some believe the honour belongs to Mart Stam), who, whilst cycling to work, realised that furniture could be constructed from the same materials as his bicycle. In the workshop, he filled gas pipes with sand to bend

Las masas volumétricas libres y orgánicas son una constante en la obra de Gehry, pero también la confección de sus pieles. En el museo Guggenheim en Bilbao (1997) utilizó placas de titanio; y en los muebles para Knoll International (1992), tiras entrelazadas de madera laminada.

Free, organic voluminous masses are a constant theme in the work of Gehry, as they are in the production of his skins. For the Guggenheim Museum in Bilbao (1997, he used titanium plates, whilst for his furniture for Knoll International (1992) he employed interlaced strips of laminated wood.

También constantes en la obra de Gehry son algunas manías zoomórficas, como la presencia de peces, que plasma tanto en un edificio —el *Fish Restaurant* en Kobe (Japón)— como en el asa y el tapón del hervidor *Pito*, para Alessi (1992).

Another common strand in Gehry's works is the use of zoomorphic symbolism, which can be observed in the Fish Restaurant in Kobe, Japan, or in the handle and lid of the Pito kettle for Alessi (1992).

docena de espectaculares prototipos, que inauguraban un lenguaje de combinación entre tubo, perfiles y pletinas de acero con el mimbre en los asientos y los planos de vidrio en las mesas.

Aprendiendo de la bicicleta

Al parecer fue Marcel Breuer —otros aseguran que Mart Stam—, profesor de la Bauhaus, quien, yendo en bicicleta al trabajo, cayó en la cuenta de que el mobiliario también podía hacerse con el mismo material que su ligero vehículo. En su taller, y tras rellenar con arena tubos de conducción de gas para poder curvarlos sin chafarlos, nació la primera silla moderna. Mies la vio —sin duda la mejoró— y gracias a su fama de arquitecto célebre pasó a la historia como creador de esta peculiar estética de los muebles *canteliver*, o basculantes sobre las patas delanteras. De hecho las sillas diseñadas con un tubo continuo conveniente curvado armonizan perfectamente con la interpretación del espacio continuo, que constituye uno de los temas fundamentales de la arquitectura moderna. La frase de Mies "es más fácil diseñar un rascacielos que una silla" —en realidad, "si es difícil hacer un rascacielos, diseñar una silla aún lo es más "— parece una *boutade* en favor del diseño, pero si echamos una ojeada al siglo, tal vez podamos contar el mismo número de rascacielos y sillas realmente excepcionales. No más de veinte.

Por otro lado, si analizamos la silla *Barcelona* de Mies, podremos comprobar cuán lejos se halla de considerarse una silla funcionalista, pronta a ser fabricada masivamente en serie: seis encuentros atornillados o soldados, dos complejas soldaduras pulidas a mano para la elegante "X" del cruce de las patas de acero inoxidable, más 64 tornillos sujetando las tiras de cuero. Genuina artesanía de lujo proclamada como funcional. Aunque tiene su excusa para no seguir el credo racionalista: fue creada como trono efímero para las reales posaderas del Rey de España durante su visita al pabellón alemán de la Exposición Universal de 1929 en Barcelona. Otras piezas de la época, como la *chaise longue* de Le Corbusier o el sillón de Breuer, por ejemplo, tampoco pasarían el examen para obtener el certificado de mobiliario modesto y funcional.

El finlandés Alvar Aalto, desde una postura menos radical, también mostró su interés por crear *ex-novo* una familia de mobiliario moderno. Y fue asimismo beneficiario de la sensibilidad femenina en el desarrollo de mobiliario y otros productos: fue Aino, su esposa, quien se ocupó de estos asuntos en el estudio y la fundadora de la empresa Artek, que aún produce sus fascinantes modelos en madera curvada.

Los tres maestros europeos de la arquitectura moderna, Corbu, Mies y Aalto, ensayaron brillantemente el mobiliario, los tres de la mano de mujeres —más tarde también Eames, con Ray; o Venturi, con Denisse— pero los tres centraron finalmente su energía en proyectos de arquitectura. Cuando Perriand salió del estudio de Le Corbusier en 1937, éste jamás volvió a diseñar un mueble; cuando Reich abandonó el estudio de Mies —poco después moriría, en 1947— éste dejó de ocuparse del interiorismo y colocó una y otra vez el mismo mobiliario elaborado entre 1927 y 1932 en todos sus proyectos posteriores. Apenas esbozó unos inquietantes dibujos de asientos integrales con formas

them without flattening, and it was thus that the first modern chair was born. Mies van der Rohe saw it (and probably improved it) and, thanks to his fame as an architect, went down in history as the creator of this peculiar type of cantilever furniture. These chairs, designed from a single curved tube, are in perfect harmony with the interpretation of continuous space, one of the fundamental themes of modern architecture. Mies van der Rohe's statement that it is easier to design a skyscraper than a chair (or, more accurately, that if it is difficult to design a skyscraper, it is all the more so to design a chair), would at first glance appear to be a *boutade* in favour of design, but a brief look at the past century reveals how few truly exceptional skyscrapers—or chairs—have been designed: not more than twenty.

On the other hand, if we examine his Barcelona chair, it is easy to see how far it actually is from being an easily mass-produced functional object. It has six screwed or welded joints, two carefully hand-polished welds to form the elegant "X" of the crossover of the stainless steel legs and 64 screws fixing its leather straps. True craftsmanship promoted as functionality. This does, however, have its rationalist justification, since it was used as a temporary throne for the royal derrière of the King of Spain during his visit to the German pavilion at the Barcelona Universal Exhibition of 1929. Other furniture of the period, such as Le Corbusier's chaise-longue or Breuer's armchair, would also fail to pass the "modest and functional" test for furniture.

The Finn Alvar Aalto, who took a less radical position, was also interested in going back to the drawing board to create a family of modern furniture. He, too, had the benefit of feminine sensibilities in the development of furniture and other products. His wife, Aino, took charge of such matters in the firm and founded the company Artek, which to this day produces fascinating models in curved wood.

These three European masters of modern architecture—Corbu, Mies and Aalto—made brilliant forays into the world of furniture, all three of them with the assistance of women—as, later, would be the case of Eames with Ray or Venturi with Denisse—but, in the end, all three concentrated their energies on architecture projects. When Perriand left Le Corbusier in 1937, he completely abandoned furniture; when Reich left Mies van der Rohe (only to die shortly afterwards, in 1947) he lost all interest in interior design and, time and again, used furniture designed between 1927 and 1932 in all his later projects. All he managed was to sketch, in the forties, were some strange designs of chairs with organic forms which were never produced, even as models or prototypes.

The heroic contributions of this trio, in their role as redeeming design heroes, are, without doubt, the most important of the century, and form a solid practical (not to mention iconographic and paradigmatic) basis for many later contributions, up to the present day.

1940-1960
The architect/designer AS INVENTOR
Man is the measure

Functionalist or rationalist design used radicalism to make itself noticed

Botta

Geometrías puras, preferentemente el cilindro, y un cromatismo bitonal son características comunes tanto a la arquitectura como al diseño de Mario Botta. Casa unifamiliar en Losone (1987-89) y lámpara *Shogun* para Artemide (1985).

Pure geometrical forms, preferably cylinders, and bi-tonal chromatism are common characteristics of both Mario Botta's architecture and his design. Family house in Losone (1987-89) and Shogun *lamp for Artemide (1985).*

Calatrava

Algunos hallazgos formales de Santiago Calatrava dan para mucho, la pata en "uve" con fuste inclinado hasta otra "uve" invertida sirve tanto para la torre de comunicaciones del Anillo Olímpico de Barcelona (1992), como para la lámpara *Onidia* de Artemide (1992).

Some of the forms discovered by Santiago Calatrava have a wide variety of applications: the "V"-shaped leg with one shaft angled towards another "V" is used both in the Montjuic Communications Tower in Barcelona (1992) and in Artemide's Onidia *lamp (1992).*

orgánicas en los años 40, que jamás llegaron a producirse, ni siquiera a formalizarse como maqueta o prototipo.
Las aportaciones heroicas de este trío —en tanto que héroes del diseño redentor— son sin duda las principales del siglo y constituyen una sólida base proyectual, pero también iconográfica, paradigmática, sobre la que van a pivotar muchas de las aportaciones posteriores hasta nuestros días.

1940-1960
Arquitectos-diseñadores INVENTORES
El hombre da la medida

El diseño funcionalista o racionalista usó la radicalidad para manifestarse contra el historicismo imperante. Y para ello bordeó fronteras artísticas sugestivas pero peligrosas, se adentró en territorios confusos e incurrió en contradicciones. En efecto, muchos "diseños manifiesto" resultaban inútiles o incómodos —como la silla de Rietveld—; y otros, costosísimos o improducibles, contradiciendo así su propio valor programático, como ya hemos comentado. Hubo de ser una nueva generación la que demostrara que era posible crear una familia de objetos nacidos al calor de la modernidad y al mismo tiempo compatibles con el uso cotidiano. Si sus antecesores habían hecho labor de laboratorio, ahora tocaba bajar al taller.
Aalto, Jacobsen y más tarde los Eames y Saarinen, aun a pesar de sus infinitas diferencias estéticas, producen durante los años 40 y 50 un excelente repertorio de mobiliario que alcanza cotas de perfección todavía no superadas. A todos ellos se les puede englobar en un cierto organicismo sobrio, que comienza como continuidad lógica y dulce del funcionalismo, pero que acaba estructurándose como una alternativa diferenciada. Aalto critica duramente el uso indiscriminado del "frío tubo de acero" y expone argumentos humanistas e incluso psicológicos para generar un universo más confortable "tanto al cuerpo como al espíritu". Jacobsen, rotundo en la arquitectura, reserva el interiorismo y el mobiliario para digresiones con un alto grado de confort, según la tradición nórdica, habituada a vivir intensamente los interiores, si bien su llegada al diseño fue casual, por la falta de encargos arquitectónicos debida a su huida de la Gestapo durante la Segunda Guerra Mundial. Su silla *Ant* (por la forma de hormiga) es una perfecta simbiosis entre racionalismo —la estructura portante en acero— y organicismo —el asiento-respaldo en contrachapado—; es decir, lo mejor de cada tradición para un producto ligero, apilable, bello y barato.
Charles y Ray Eames constituyen sin duda el punto más relevante del siglo XX en lo que a diseño de sillería se refiere. Su obra se reparte entre unas escasas, pero muy significativas, propuestas arquitectónicas y el diseño de muebles, hoy considerados clásicos. Pero acabaron abandonando ambas actividades para dedicarse plenamente a la filmación de documentales. Sus primeras investigaciones inciden sobre la madera curvada para uso médico militar, y después utilizaron estas enseñanzas y esa práctica experimental para producir innovaciones radicales en la madera curvada, el moldeado en fibra de vidrio o la fundición de aluminio. Su punto de arranque fue el concurso organiza-

against the overwhelming tide of historicism. This allowed it to breach new (but dangerous) artistic frontiers, entering into confused territory and, sometimes, contradictions. Many "manifesto designs", such as Rietveld's chair, turned out to be useless or uncomfortable, whilst others were either extremely expensive or unproduceable, thus contradicting their own pragmatic values, as we have seen above. Therefore, it was for a new generation to prove that it was possible for a range of objects forged in the white heat of modernity to be compatible with everyday use. If their predecessors had done the laboratory research, it was now time to go down to the factory floor.
Over the course of the forties and fifties Aalto, Jacobsen and, later, Eames and Saarinen, produced, notwithstanding their infinite aesthetic differences, some excellent furniture which reached heights of perfection unsurpassed to this day. All may be described as having a certain sober organicism, which began as a sweetly logical extension to functionalism but ended up as a differentiated alternative. Aalto was severely critical of the indiscriminate use of "cold steel tubing" and employed humanist and even psychological arguments to create a universe that was more comfortable "for both body and spirit". Jacobsen, who was more uncompromising in his architecture, saved interior and furniture design for his digressions into high comfort, in accordance with the Nordic tradition of intense indoor living. His aptly-named Ant chair is a perfect symbiosis between rationalism (the load-bearing structure in steel) and organicism (the seat/back in plywood), taking the best of each tradition to make a light, stackable, attractive and cheap product. It is curious to note that he turned to design only by chance, due to the lack of architectural assignments after his escape from the Gestapo during the Second World War.
Charles and Ray Eames are, without doubt, the central point of reference as regards twentieth-century seating design. They performed few, yet important, architecture projects and designed pieces of furniture which are now regarded as classics. However, they also gradually ventured into the world of documentary film-making and ended up devoting themselves almost exclusively to this discipline. They began investigating curved wood for military use and then applied the theoretical and practical knowledge thus acquired to introduce radical advances in the fields of curved wood, glass fibre and aluminium casting. Their starting point was the "Organic Design in Home Furnishings" competition organised by the MoMA in 1940, at which the designs of Eames and Saarinen were awarded first prize by a jury whose members included Aalto and Breuer.
One particular trait of this period is its frenetic experimental effervescence. Plywood was invented, advances were made in wood forming and tubing, glass fibre and the first plastics made their appearance. Architects were true inventors, concerned with the production system, spending hours before the drawing board and in the prototype workshop. They knew what factories were capable of and they took their potential to the limit.
By now, they were not publishing manifestos, but instead creating reproducible, usable, sellable designs aimed at invading the modern homes and offices of the swinging sixties. The concept of ergonomics was born and

En su período neoclásico, Ricardo Bofill usó el correspondiente repertorio de elementos estructurales tanto para adornar fachadas (Instituto Nacional de Educación Física de Cataluña en Barcelona, 1991) como para resolver la arquitectura mínima, una mesa, en este prototipo para Casas (1989).

During his neo-classical period, Ricardo Bofill used the style's repertoire of structural elements both to adorn façades (The Catalan National Institute of Physical Education, Barcelona, 1991) and for minimal architecture projects, such as this prototype table for Casas (1989).

Uno de los arquitectos "miniaturistas" más precisos y miméticos ha sido sin duda Aldo Rossi. Arriba el Centro Cívico de Perugia (1982) y, debajo, la propuesta para el *Tea & Coffee Piazza* de Alessi (1984).

One of the most precise and mimetic "miniaturist" architects has undoubtedly been Aldo Rossi. Above: the Perugia Civic Centre (1982) and, below, *his proposal for the Alessi Tea & Coffee Piazza (1984).*

do por el MoMA en 1940 y titulado *Organic Design in Home Furnishings*, donde las propuestas de Eames, junto con las de Saarinen, ganaron el primer premio concedido por un jurado integrado por Aalto y Breuer, entre otros.

Un rasgo singular de este periodo es una frenética efervescencia experimental. Se descubre el sistema de contrachapado, se avanza en el moldeado de la madera y el tubo, se estrena la fibra de vidrio, los primeros plásticos... Los arquitectos son auténticos inventores preocupados por el sistema productivo, que pasan tantas horas en el tablero de dibujo como en los talleres de prototipos. Saben lo que pueden hacer las fábricas y llevan al límite sus posibilidades.

Ya no proclaman manifiestos, sino que generan matrices reproducibles, usables, vendibles, pensadas para invadir los hogares modernos y las oficinas de los eufóricos años 60. Aparece asimismo el concepto de ergonomía, y se llevan a cabo numerosos estudios de compatibilidad y confort de los diversos objetos en relación con el cuerpo humano.

Hay que hacer notar, que precisamente la mayor parte del mobiliario racionalista jamás llegó a la producción seriada, con la única excepción de las sillas *canteliver* de tubo, que poco a poco, y gracias a la difusión de Thonet, fueron haciéndose un hueco en el mercado. La recuperación de muchos modelos del periodo heroico llegó en los años 70 de la mano de compañías más interesadas por el prestigio cultural que en las ventas inmediatas. Sin embargo, el organicismo logró una sintonía inmediata con el público y, por tanto, con el mercado.

1950-1970
Arquitectos-diseñadores ESTETAS
Lo útil debe ser bello

Tras el auge del mobiliario orgánico, difundido preferentemente desde Estados Unidos y los países nórdicos, este irá extendiendo sus raíces hasta llegar a nuestros días, si bien desde la posguerra el escenario de los arquitectos diseñadores se traslada principalmente a Italia. Allí surge el denominado *Bel Design*, una respuesta del país a las necesidades reales de la población, pero añadiendo un plus de alta calidad estética. Sin duda la clave del *boom* del diseño italiano es el feliz encuentro entre un batallón de excelentes diseñadores —¡todos arquitectos!— y un puñado de empresas iluminadas, que aceptan el reto de cambiar el panorama doméstico. Precisamente *New domestic landscape* fue el título de la muestra —de la que Emilio Ambasz fue el comisario— de este potencial, presentado en el MoMA de Nueva York, capital del mundo, y en la que se santificó, en 1972, el estilo italiano como el auténtico espíritu de modernidad y elegancia, materializado por los herederos del potencial artístico de Leonardo y Miguel Ángel. Pocas veces se ha dado una conjunción tan feliz entre talento creativo, desarrollo de nuevos procesos constructivos en empresas y, sobre todo, una excelente promoción internacional mediática del fenómeno, tanto en revistas como en exposiciones y ferias. Tanto es así, que ya entrado el siglo XXI, el gigante italiano aún sigue dictando el gusto en diseño al resto del planeta.

numerous studies were published on the compatibility and comfort of the different objects which had contact with the human body.

It should be noted that most rationalist furniture was never mass produced, with the exception of cantilever tubed chairs which, thanks to the fame of Thonet, slowly found their corner of the market. The rediscovery of the "heroic" period would arrive in the seventies at the hands of companies more concerned with cultural prestige than quick sales. Organicism, on the other hand, was immediately popular with the public and hence with the market.

1950-1970
The architect/designer AS AESTHETE
What is useful should also be beautiful

The initial boom in organic furniture, which had its chief exponents in the US and Nordic countries, was followed by a more gradual spreading of roots that continues to the present day. However, after the immediate post-war period, the spotlight shifts to Italy. It is here that the Bel Design movement arose, providing the country's response to the real needs of its inhabitants whilst adding an extra component of high aesthetic quality. The key to the Italian design boom doubtless lies with the happy dovetailing of interests between a battalion of excellent designers (architects all!) and a handful of enlightened businessmen, who accepted the challenge of changing the domestic landscape. Indeed, "New domestic landscape", was the title of the exhibition—curated by Emilio Ambasz—on the subject in New York's MoMA, where, in 1972, the world's capital sanctified Italian style as the authentic spirit of modernity and elegance, given form by the inheritors of the artistic mantle of Leonardo da Vinci and Michelangelo. Rarely has there been such a happy conjunction of creative talent, the development of new construction processes in companies and, above all, excellent international media promotion of the phenomenon, in magazines, exhibitions and fairs: to such an extent that, at the beginning of the twenty-first century, the Italian giant continues to dictate taste in design to the rest of the planet.

The movement began with Gio Ponti, Franco Albini, BBPR, Ignacio Gardela, Marco Zanuso, Carlo Scarpa, Vico Magistretti, Angelo Mangiarotti, Vittorio Gregotti, Mario Bellini, Gae Aulenti, etc., true builder/architects who also produced excellent designs, not only in furniture but of as many types as industry could absorb. Parallel to this, Italy witnessed a hitherto unknown phenomenon which still continues today: a group of architects who are qualified but do not work as such, instead devoting themselves exclusively to design. Their leading figure is Achile Castiglioni, perhaps the greatest living industrial designer.

Architects became aesthetes, but without losing sight of each object's function. Their work was no longer experimental, but served to feed an industry which needed to renovate its product range. Many items were true *capolavoros*, still being produced after forty years on the market (as well as being exhibited in museums), which have achieved a combination of professional plaudits and public approval.

To define the architects/designers of this period as "aesthetes" is not

Viaplana / Piñón

Viaplana y Piñón han realizado una escasa pero contundente obra, tanto en arquitectura como en diseño. El trazo curvo contra el mar del Maremágnum en Barcelona (1995) empareja con el trazo radical de su *Banco-u* autoportante para Escofet (1988).

Viaplana and Piñón's output –both architectural and design– has been limited yet powerful. The curves of Barcelona's Maremagnum centre (1995), outlined against the sea, are reflected in the radical lines of their Banco-u *self-supporting bench for Escofet (1988).*

Siza

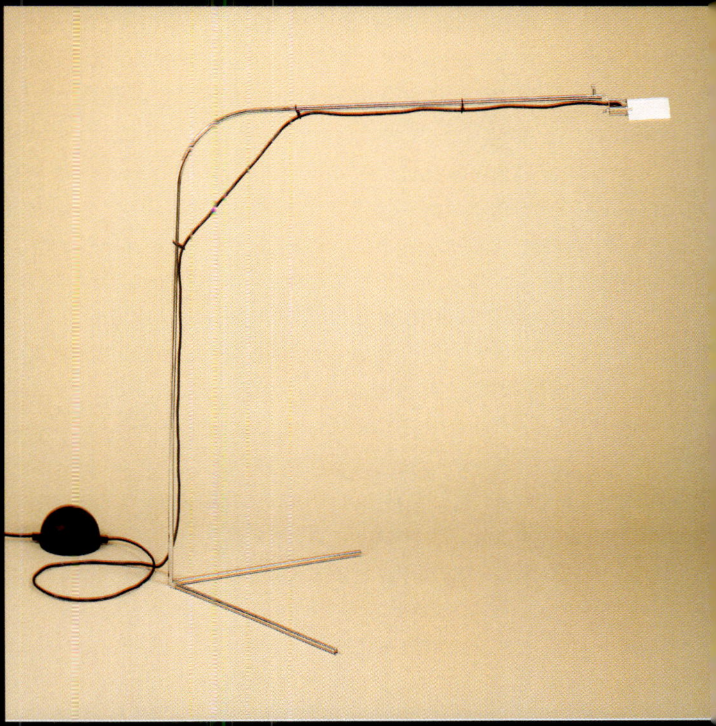

La simplicidad formal llevada al límite, el minimalismo elaborado y no banal, esta suelen ser estrategias compositivas de Alvaro Siza, tanto en arquitectura —toldo pé treo para la Expo de Lisboa (1998)—, como en diseño industrial —lámpara *Flaming* producida por B.D. Ediciones de Diseño en 1972—.

Simplicity of forms taken to the limit and non-banal, focused minimalism: these are the compositional strategies employed by Alvaro Siza in both his stone awning for the Lisbon Expo (1998) and in his industrial design, for example the Flamingo *lamp fo B.D. Ediciones de Diseño (1972).*

El fenómeno comenzó con Gio Ponti, Franco Albini, BBPR, Ignacio Gardela, Marco Zanuso, Carlo Scarpa, Vico Magistretti, Angelo Mangiarotti, Vittorio Gregotti, Mario Bellini, Gae Aulenti..., auténticos arquitectos constructores, que además procuraban excelentes piezas de diseño — no únicamente de mobiliario—, tantas como la industria pudiese absorber. Pero paralelamente Italia creó un fenómeno insólito, que aún perdura: una familia de arquitectos titulados pero sin ejercicio profesional como tales, dedicados en exclusiva al diseño. Su máximo exponente es Achille Castiglioni, posiblemente el mayor diseñador industrial vivo de la historia.

Los arquitectos se han vuelto estetas, pero sin perder jamás de vista la función de cada pieza. Ya no trabajan para experimentar sino para alimentar una industria que necesita renovar repertorio. Muchas piezas son verdaderos *capolavoros,* piezas todavía en producción tras cuarenta años en el mercado —y en los museos—, que han logrado el aplauso del sector profesional y a la vez la aceptación del público.

Definir como "estetas" a los arquitectos diseñadores de este periodo no actúa en menoscabo de sus cualidades funcionales o incluso éticas. Supone más bien un valor añadido, el reconocimiento a su habilidad y talento en saber, además, generar belleza.

Durante esta etapa concurre otra circunstancia especial: la recuperación de los diseños *clásicos* del Movimiento Moderno. La empresa italiana Cassina inicia un cuidadoso proceso de adquisición de derechos, desarrollo técnico y promoción del mobiliario de Le Corbusier en 1964, de Rietveld en 1971, de Mackintosh en 1972, de Asplund en 1981 y de Wright en 1985. También las empresas americanas Knoll y Herman Miller reeditan diseños de Mies, Eames y otros destacados arquitectos.

Sobre este particular hay que hacer notar que una pieza tan célebre desde su propio nacimiento como la silla *Barcelona*, de Mies, tras diversas vicisitudes y ajustes en su difícil proceso productivo, no alcanzó un cierto éxito comercial hasta finales de los años 60. Como curiosidad añadir que fue durante estos años cuando el industrial italiano Dino Gavina bautizó dos piezas míticas de Breuer, que facilitaron su identificación y comercialización. Al sillón le puso de nombre *Wassily*, por haber sido elogiado por su amigo el pintor Wassily Kandisky, y a la silla basculante la llamó *Cesca*, nombre de la hija de Breuer.

1965-1975
Arquitectos-diseñadores RADICALES
El diseño ha muerto

A finales de los años 60 la excesiva bonanza del panorama del diseño comenzaba a irritar a los más jóvenes y a ciertos críticos y teóricos. Había que acabar con la autocomplacencia y con el servilismo hacia la industria. Empapado de los movimientos políticos contestatarios de la época, desde Inglaterra, Austria y sobre todo Italia, algunos arquitectos promueven el conocido como *Radical Design*, cuya voluntad no es llegar a las tiendas, sino golpear las conciencias. El arquitecto se esconde en grupos como Archigram, Archizoom, Superstudio, Global Tools..., que más que proponer diseños concretos proclaman intenciones. La silla sobre un pedestal ardiendo en medio del campo, de

to belittle their functional or indeed ethical values. It is meant as praise, recognising their skill and talent in being able, additionally, to create beauty. This period also saw the reappearance of the classic designs of the Modern movement. The Italian company Cassina began a painstaking process of acquiring the rights to and the technical development and promotion of the furniture of Le Corbusier (1964), Rietveld (1971), Mackintosh (1972), Asplund (1981) and Wright (1985). Similarly, the American firms Knoll and Herman Miller re-launched designs by Mies van der Rohe, Eames and other leading architects.

It is interesting to note that a design as celebrated from the moment of its creation as Mies van der Rohe's Barcelona chair did not achieve a degree of commercial success until the end of the sixties, following a number of vicissitudes and changes to its complicated production process. Also curious is that it was in this period that the Italian industrialist Dino Gavina gave two legendary Breuer designs names which helped to identify and hence sell them. The armchair he christened Wassily, as it had been ebthusiastically praised for his friend Wassily Kandisky, and the cantilever chair he called Cesca, after Breuer's daughter.

1965-1975
The architect/designer AS RADICAL
Design is dead

At the end of the sixties, the excesses of the design boom had begun to irritate the young and a number of critics and theoreticians. An end had to be put to self-satisfaction and the servile kow-towing to industry. Imbued with the combative political spirit of the times, certain architects, from England, Austria and above all Italy, promoted a movement known as Radical Design. Its aim was not to stock shops, but to prick consciences. Architects hid behind groups such as Archigram, Archizoom, Superstudio, and Global Tools to make declarations of intent rather than propose specific designs. Mendini's chair on a pedestal burning in the countryside spelt the end of bourgeois design and heralded the dawn of a new, liberating, participative and friendly design. The "Mies" chair, with its elastic canvas on an inclined plane, was an ironic reply to a past full of myths which needed to be overcome. Many radical architects did not have practical assignments, and many even claimed that they did not want any. There was thus a strongly intellectual element in all the school's proposals, with an aggressive stance against "official" design and a large dose of evangelism in exhibitions and magazines. Photomontages, manifestos, performance art and little work. This coincided, as is usual in such cases, with a state of crisis in the construction industry which diverted time and energies towards theoretical disquisitions. Once again, the industry allowed itself to be influenced by the alternative political and cultural movements of the time.

The Alchimia group, founded in 1979 and encouraged by Mendini, would be, until its dissolution in 1991, one of the leading centres of such experimentation, which would be echoed in magazines such as *Casabella, Modo* or *Domus*. These years also witnessed the first full-

Una de las características de la obra de Niemeyer es el monumentalismo, forzando a máximo la capacidad estructural de los materiales. El mismo recurso que en el me morial de América Latina en Sao Paulo (1989), fue utilizado en la solución para la mesa producida por Estel en 1985.

One of the chief characteristics of the work of Niemeyer is monumentalism, stretching to the limit the structural capacity of the materials employed. This strategy, applied in the Latin America Memorial in Sao Paulo (1989), was also used as the solution for the table designed for Estel in 1985.

Ettore Sottsass comenzó relativamente tarde a construir arquitectura. Pero sus dise ños siempre fueron arquitectura, "composiciones volumétricas con colores y textu ras bajo la luz". La casa Wolf, en Colorado (1987-89) y, debajo, la mesa *Tartar* de la colección de Memphis de 1985.
Durante los periodos en que no podía construir, Sottsass elaboró un singular mundo utópico. De sus dibujos para *El Planeta como Festival* (1972) nació, un año más tarde el florero *Shiva*, diosa de la fertilidad, para la empresa B.D. Ediciones de Diseño.

Ettore Sottsass commenced building relatively late in his career. But his designs ha always been the result of architecture, "volumetric compositions with colours and textures under light". The Wolf house in Colorado (1987-89) and the underside of the Memphis Collection Tartar table (1985).
When Sottsass could not build, he created a unique, utopian world. His designs fo The Planet as a Festival *(1972) formed the basis, one year later, for the Shiva vase, tribute to the goddess of fertility, for the company B.D. Ediciones de Diseño.*

Mendini, certifica el final del diseño burgués y el inicio de otro, liberador, participativo y amistoso. La silla titulada *Mies*, confeccionada con una lona elástica sobre plano inclinado supone una réplica irónica a un pasado de mitos que era preciso superar. Muchos de los arquitectos radicales no reciben encargos; algunos incluso postulan que no los desean. Hay, en este sentido, un fuerte componente intelectual en todas las propuestas, una agresividad contra el diseño oficial y una gran actividad de proselitismo en revistas y exposiciones. Fotomontajes, manifiestos, *performances* y pocas obras. Todo ello coincide —como suele ser habitual— con una cierta crisis en la construcción, que desvía tiempo y energía a las disquisiciones teóricas. Una vez más el sector se deja influenciar por los movimientos políticos y culturales alternativos del momento.

El grupo Alchimia, fundado en 1979 y animado por Mendini, será, hasta su disolución en 1991, uno de los focos principales de experimentación, de los que se harán eco en revistas como *Casabella*, *Modo* o *Domus*. Durante estos años surgen las primeras críticas frontales al Movimiento Moderno, hasta el punto que ya no se habla de superación sino de ruptura. La mofa y la ironía son a menudo las armas utilizadas para renegar de un pasado que se considera asfixiante y falto de sensibilidad.

Mientras tanto la mayoría de arquitectos reputados que construyen durante estos años apenas muestran interés por diseñar en pequeña escala. Ya han surgido las primeras generaciones de diseñadores industriales formados como tales y son estos quienes comienzan a ocupar un espacio propio, desplazando a los arquitectos.

1980-1990
Arquitectos-diseñadores MINIATURISTAS
La posmodernidad toma el diseño

A final de los 70 la posmodernidad se va anunciando para explotar como un fenómeno extraarquitectónico en los 80. Y este fenómeno renueva el interés del arquitecto por el diseño. Pero esta vez son las grandes figuras, con abundante obra y reconocimiento, quienes muestran afán en proponer sillas, cafeteras o joyas. No se preocupan mucho por innovar, ni por conseguir propuestas alternativas, ni por investigar procesos y materiales; desean preferentemente plasmar en miniatura su obra tectónica. En este periodo es fácil reconocer la autoría de un mueble por comparación con la obra arquitectónica. O viceversa. Grande y pequeña escala mantienen una coherencia, mejor dicho, un estilo. Si los racionalistas ejercían el mismo "concepto" en arquitectura y diseño —por ejemplo, mostrar la estructura, usar racionalmente los materiales, etc.—, los posmodernos ejercen el mismo "aspecto". Con esas pautas, si en el periodo de vanguardias es fácil confundir una silla de Stam con una de Breuer, ambos en busca de un estilo internacional impersonal —aunque después litigasen por la patente de la silla basculante—, en la posmodernidad es imposible confundir una tetera de Graves con otra de Gehry, puesto que el objetivo es precisamente la explosión estilística hasta el infinito. Cada objeto es diferente a otro, porque cada hombre es diferente a los demás.

blown criticisms of the Modern movement: the talk was not of improvement but of a complete break. Mockery and irony were often the weapons used to renounce a past considered asphyxiating and lacking in sensibility.

Meanwhile, the majority of reputed architects active at the time showed hardly any interest in small-scale design. The first generations of industrial designers specifically trained as such now arose and claimed their own ground, displacing architects.

1980-1990
The architect/designer AS MINIATURIST
Postmodernism takes over design

At the end of the seventies, postmodernism began to appear on the horizon, to explode as a non-architectural phenomenon in the eighties, a phenomenon that renewed architects' interest in design. This time, however, it was the leading figures, who already possessed a large corpus of work and widespread recognition, who showed an interest in designing chairs, coffee pots or jewels. They were not much concerned with innovation or creating alternative designs, nor even with investigating processes or materials, but preferred to produce miniature versions of their building works. During this period, it is easy to recognise the authorship of an object by comparing it with architectural works. Or vice-versa. Large and small scale retained a consistency, or rather a style. If rationalists employed the same concept in both architecture and design (for example, displaying structure or in the rational use of materials), the postmodernist trademark was the same "appearance". Thus if, in the case of the vanguardists, it is easy to confuse a Stam chair with a Breuer chair, as both seek an international, impersonal style (even though they would later fight each other in court for the patent to the cantilever chair), in that of the postmodernists it is impossible to confuse a Graves teapot with one designed by Gehry, since the goal is that of expanding stylistic frontiers to infinity. Each object is different from the next, because each man is different from the next.

Playing with scale

In the eighties, postmodernism caricaturised changes of scale: Rossi's coffee pots were the towers of his buildings, Venturi's chairs his coloured pediments, the legs of Bofill's tables his dwarf columns, Hollein's furniture an aircraft carrier, Graves dressing table the porticoes of entrances, Botta's chairs the mimesis of his lined facades, Foster's tables a 1:1 scale construction detail and Gehry's lamps a literal model for his projects

Due to this, postmodernism became inflated with sub -isms, with each guru publishing his own little red book. Various neos also popped up: neo-historicism, which unashamedly re-introduced volutes, neo-brutalism, which fitted in with the film-based aesthetics of *Blade Runner* or *Mad Max,* awaiting a future less idyllic and polished than that announced in *2001: A Space Odyssey*, Branzi's neo-primitivism, which

Nouvel

Jean Nouvel persiste en su búsqueda epidérmica, una piel inteligente, tecnificada, comunicativa, capaz de expresarse de forma distinta hacia fuera y hacia dentro, capaz incluso de desmaterializar lo tectónico. Fachada vítrea de la Fundación Cartier (1994), interior del Instituto del Mundo Árabe en París (1987) y proyecto de espacio interactivo *Dreams of Power* para B-Ticino, en Venecia (1995). Y vitrina para la empresa Zeritalia (1999).

Jean Nouvel continues his epidermal search for an intelligent, technical, communicative skin, capable of expressing different ideas inside and out. Capable, even, of dematerialising the tectonic. Glass façade of the Cartier Foundation (1994), interior of the Arab World Centre, Paris (1987), the Dreams of Power *interactive space project for B-Ticino in Venice (1995). Glass display case for the company Zeritalia (1999).*

Site

El alocado grupo Site ha utilizado sus experimentos arquitectónicos para crear objetos reales. El sistema de capas de sedimentos visibles a través de un vidrio, habitual en varios de sus proyectos —como la tienda Best (1979) o el Puente de los Cuatro Continentes (Hiroshima, 1989)— constituye una perfecta solución para una colección de maceteros, producidos por Vanini.

The way-out Site group has, curiously enough, used its architectural experiments to create real objects. The system of layers of sediment visible through a glass plate, common to a number of its projects (the 1979 Best Shop and the Hiorshima's Four Continent's bridge, 1989) is the perfect solution for a range of flowerpot stands, designed for Vanini.

Juegos de escala

En los 80 la posmodernidad caricaturizó los cambios de escala: las cafeteras de Rossi eran las torres de sus edificios; las sillas de Venturi, sus frontones coloreados; las patas de la mesa de Bofill, sus columnas pero enanas; los muebles de Hollein, un portaaviones; el tocador de Graves, uno de sus pórticos de entrada; las sillas de Botta, la mímesis de su fachadas rayadas; las mesas de Foster, un detalle constructivo a escala 1/1; las lámparas de Ghery, una maqueta literal de sus proyectos...

Por lo antes descrito la posmodernidad se infló de ismos, y cada maestrillo elaboró su librillo. Surgieron muchos "neos": el neohistoricismo, que recuperó volutas, sin mala conciencia; el neobrutalismo, que encajó con estéticas cinematográficas del tipo *Blade Runner* o *Mad Max*, esto es, con un futuro menos idílico y pulido del anunciado en *2001 una odisea del espacio*; el neoprimitivismo de Branzi, que proponía recuperar la armonía con la naturaleza y sus "animales domésticos"; o el neomodernismo cuadriculado de Meier o Ungers. Y se desarrolló también un neoartesanado posindustrial capaz de utilizar un primer proceso seriado bajo la tutela industrial con un acabado manual que pudiese diferenciar cada pieza. Salvar la artesanía sofisticando sus procesos en vez de preservarla. Horrendas piezas con voluntad escultórica —muchas de arquitectos— florecieron indiscriminadamente en esos años.

Durante este periodo hay que destacar la operación de microarquitectura *Tea & Coffe Piazza* —ya con significativo enunciado— desarrollada por Mendini para la firma italiana Alessi. Once arquitectos de diferentes países fueron convocados para proponer un juego de café y té con azucarera y bandeja en plata, expresando libremente su personalidad. El resultado fue un sugestivo abanico del panorama neo y posmoderno del momento "destapando la nueva realidad de posibles objetos antropológicos, situados entre la consciencia de la tradición y la fascinación de lo desconocido". Por cierto, la pieza de Meier, supuesto garante del espíritu racionalista, fue la más compleja y costosa de producir. Sin embargo, la del supuesto posmoderno —sin mala conciencia de serlo— Tusquets, la única de las once que entró en producción y se sigue vendiendo desde 1984.

Las funciones son infinitas

Una aportación coetánea pero singular respecto a lo descrito la constituye la obra de Etttore Sottsass, un creador dedicado plenamente al diseño industrial y artístico hasta que hace pocos años comenzara una abundante producción arquitectónica. En 1981, a los 64 años, puso en marcha el grupo Memphis, con propuestas de mobiliario colorista, de formas libres y excéntricas. Entre los convocados figuraban arquitectos como Branzi, Hollein, Graves o Isozaki; y de éste último son las siguientes palabras: "Teníamos necesidad de un gran cambio respecto a la vieja imagen del diseño y la arquitectura que descendía del Movimiento Moderno..., pero nadie había todavía encontrado un modo exacto de cambiar el estilo. Memphis ha aparecido en el momento justo".

argued for a return to harmony with nature and its "domesticated animals", the quadriform neo-modernism of Meier or Ungers, and a post-industrialist neo-crafts school capable of designing creations which start with an industrially mass-produced base that is hand-finished so as to differentiate each item: saving craftsmanship by making its processes more sophisticated rather than preserving it. Horrendous carbuncles aiming to be sculptures, many of them perpetrated by architects, sprang up like mushrooms during these years.

Notable is the "Tea & Coffee Piazza" micro-architecture scheme (whose meaning is evident) developed by Mendini for the Italian company Alessi. Eleven architects from around the world were invited to create a silver tea and coffee set with a sugar bowl and tray, with a free rein given to their personality. The result was a suggestive insight into the variety offered by the "neo-" and postmodernist world "uncovering the new reality of possible anthropological objects, situated between the consciousness of tradition and the fascination with the unknown". Ironically, Meier's design, the product of the alleged bulwark of the rationalist spirit, was the most difficult and expensive to produce. In contrast, that of the supposed postmodernist Tusquets (who is not ashamed of being labelled as such) was the only one of the eleven which went into production and has continued to sell since 1984.

Functions are infinite

Contemporary with the above, but standing apart from it, is the work of Ettore Sottsass, who devoted himself solely to industrial and artistic design until a few years ago, when he began a fruitful architectural career. In 1981, aged 64, he launched the Menphis group, with its bright, free-form and eccentric furniture designs. Amongst those invited to take part were architects such as Branzi, Hollein, Graves or Isozaki, who said: "We felt a need for a significant change in the traditional image of design and architecture, which was descended from the Modern movement ... however, nobody had found the right way to change the style. Menphis has appeared at the right time". The media (not to mention commercial) impact was immense and Menphis was associated with postmodernism. Nonetheless, there are great differences between the two phenomena. On the one hand, American postmodernism was based principally on historical revival and a certain decorativism, with the exception of Venturi who attempted to add value to his designs, rich in meaning and ambivalence. European postmodernism, more sophisticated, stressed symbolism and freedom when choosing references. Menphis made direct allusion to sensuality and the complex human imagination to produce free objects with a soul: "I agree with following function, but functions can be infinite, for example, making you laugh" commented Sottsass, "the concept of comfort is highly relative: an hour sitting in a comfortable office chair can be torture, or an entire afternoon sitting on a rock waiting for your girlfriend a pleasure".

Postmodernism hit the streets, triumphed in public, and speedily lost its original liberating message in an orgy of pastiche, indiscriminate colours and pointed forms, descending into true international

Aalto

La curva estructural y estética a la vez, es un gran hallazgo organicista. Los arcos asimétricos del Centro Parroquial de Riola (Bolonia, 1966), guardan un paralelismo con los soportes estructurales de diversas sillas de Aalto producidas por Artek en 1943.

The curve, both structural and aesthetic at the same time, is a great Organicist discovery. The asymmetrical arches of the Riola Parochial Centre in Bolonia (1966) have a parallel in the structural supports of a range of chairs produced by Aalto for Artek in 1943.

Smithson

Peter y Alison Smithson crearon una subestructura exterior para su edificio *Garden, St. Hilda's College* (1970), una de las primeras residencias femeninas de Oxford. Pero esta trama de madera no tiene función portante; es tan sólo expresiva, "dando seguridad al interior". Un recurso similar fue utilizado en los años 80, cuando ambos fueron invitados a diseñar mobiliario para la empresa alemana Tecta: el típico sillón cubo —Hoffmann, Gropius, Le Corbusier…— acabó con la estructura vista.

Peter and Alison Smithson created an external sub-structure for their Garden *building, St. Hilda's College (1970), one of Oxford's first female colleges. However, this wooden structure has no load-bearing function: it is merely expressive, "giving a sense of security to the inside". A similar approach was used in the eighties when they were invited to design furniture for the German firm Tecta: the typical cube chair (c.f. Hoffamann, Gropius, Le Corbusier, etc.) ended up with its structure on the outside.*

El impacto mediático —que no comercial— fue fulminante, y Memphis fue asociado al posmodernismo. Sin embargo, existen grandes diferencias entre ambos fenómenos. Por un lado, la posmodernindad americana se basaba principalmente en el *revival* historicista y un cierto decorativismo, con excepción de Venturi, que intentaba dar valor añadido de riqueza de significados y ambivalencia con sus postulados. Por otro lado, el posmodernismo europeo, más sofisticado, ahondaba en el simbolismo y en una liberación a la hora de tomar referentes. Y Memphis aludía directamente a la sensualidad y el complejo imaginario humano para generar objetos libres y con alma; "estoy de acuerdo en seguir la función, pero las funciones pueden ser infinitas; por ejemplo, hacer reír", comentaba Sottsass, y añadía: "el concepto de comodidad es muy relativo, una hora sentado en una confortable silla de oficina puede ser una tortura, y toda una tarde sentado sobre una piedra esperando a tu novia, un placer".
La posmodernidad llegó a la calle, triunfó en el público y degradó velozmente su mensaje originario liberador por el *pastiche*, los colorines indiscriminados o las formas puntiagudas, cayendo en un auténtico manierismo internacional. Una de sus lacras más visibles queda patente en el sector del objeto inútil, justo allí donde la función apenas importa; en el mundo de los *souvenirs* y en el de los objetos *gadget*, donde Graves, por ejemplo, ha generado una abundante *memorabilia disneyana.*

1990-2000
Arquitectos-diseñadores *VEDETTES*
Ponga un *foster* en su colección

Tras la consolidación y posterior auge del diseño como escaparate social creativo, surge un renovado interés por parte de los arquitectos por elaborar piezas de mobiliario. Aunque sobre todo se constata el interés de ciertas productoras por disponer de piezas de arquitectos de renombre con las que arropar sus colecciones. El *vedettismo* de un nutrido grupo de arquitectos internacionales va a darles satisfacción.
Es significativo anotar que los arquitectos en esta época tienen una relación aséptica con el diseño, confeccionan sus dibujos —relamidos— y maquetas —perfectas— y las envían al productor, quien deberá resolver con los técnicos de la fábrica los posibles problemas. Nada que ver con la Bauhaus y sus interminables sesiones en los talleres, doblando tubos y resolviendo *in situ* entregas y acabados. Nada que ver con la inmersión de Eames en la fábrica de moldeados inventando incluso una herramienta la "Kazam! machine" para domesticar la madera. Tal vez por esto el presidente de la empresa Vitra e impulsor del museo del mismo nombre, Rolf Felbauhm, declaró a finales de los 90 que "a diferencia de Mies o Aalto, que sabían de materiales y tenían relación con el proceso de producción de un mueble, los arquitectos actuales no van nunca al taller, y esa distancia les impide ser buenos diseñadores". Ser buen arquitecto no implica ser un buen diseñador de muebles. Es decir, no existe una relación biyectiva entre proyectar buenos edificios y diseños de interés. Precisamente la aportación finisecular de los arquitectos en el mundo del diseño no tiene nada de

mannerism. Its worst faults were most evident in the field of the useless object, where function barely matters: this is the world of the gadget and the souvenir, where Graves, for example, created abundant Disney memorabilia.

1990-2000
The architect/designer AS SUPERSTAR
Add a Foster to your collection

Following the consolidation and subsequent burgeoning of design as a creative social showcase, architects showed a renewed interest in making furniture. Even more important was the desire of certain manufacturers to have items by renowned architects to bolster their collections. This desire would be filled by the hunger for attention displayed by a large number of architects.
It is worth highlighting that the architects of this period have an aseptic relationship with design: they draw their objects (all neat and tidy), make their models (exquisitely) and then send the designs to the manufacturer who must then resolve with their factory technicians any potential problems. All this is a million miles from those never-ending sessions in Bauhaus workshops, bending tubes and resolving delivery and finishing issues on the spot. A galaxy away from Eames losing himself in the moulding factory to the point of inventing the "Kazam! machine" to tame wood. It is perhaps for this reason that Rolf Felbauhm, chairman of the company Vitra and backer of the museum of the same name, stated at the end of the nineties that "unlike Mies or Aalto, who knew about materials and were linked with their furniture's production processes, today's architects never go to the workshop, which prevents them from being good designers". A good architect need not be a good furniture designer. In other words, there is no binding relationship between producing good buildings and interesting designs. The truth is that the contribution of today's *fin-de-siècle* architects to the world of design is nothing out of the ordinary: great pyrotechnics and spectacular models drawing great media attention, but the projects rarely go beyond the prototype presented at the latest Milan or Cologne Fair. At the very most, a limited edition will be produced, all of which is already reserved for its trip to a dozen museums with applied arts or design collections who are unable to resist Hadid's amazing table-sofa combination presented at a spectacular international press conference by Sawaya Moroni in 2000.
The last decade of the century has been characterised by the "star system" of a limited number of architects whose highly publicised works make them famous, the cultural actors of the moment. Much as every city wants its own Gehry Guggenheim, every manufacturer wants its famous architect's chair. If, in the past, businesses drew up a uniformly-styled product range with which they could be identified, today they prefer the tutti-frutti approach, flitting from the exuberance of Gehry to the restraint of Citterio without so much as batting an eyelid.
Each author's design canons may mime their building works or be completely independent of them: it is enough for them to be finished with the artist's unmistakable signature. The architect's utilitarian,

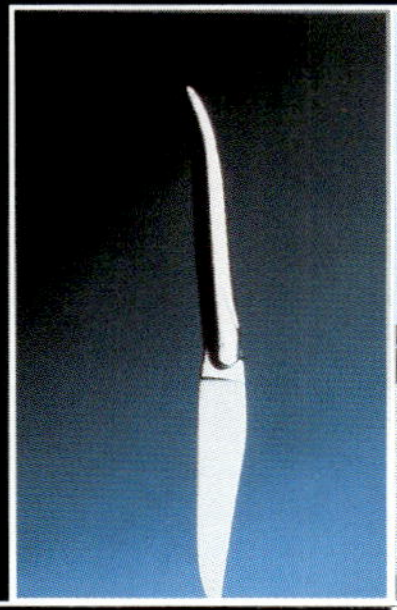

Philippe Starck comenzó diseñando interiores, revolucionó el diseño en los 90 y ha ejercido asiduamente como arquitecto miniaturista. Su fábrica para la marca francesa de navajas Lagoile queda atravesada por una gigantesca navaja, similar a la diseñada por el propio Starck. El edificio Asahi Beer Hall (1990), en Tokio, menguó hasta convertirse al año siguiente en una quesera cornuda para Alessi. El edificio Nani Nani (1983), también en Tokio, puede fácilmente convertirse en el pisapapeles producido desde 1996 por Alessi. Y el edificio Le baron Vert (1992), en Osaka, repite los perfiles apurados y las formas de uso de la silla *Ed Archer*, producida por Driade.

Philippe Starck began by designing interiors, revolutionised the design world of the nineties and has been a profuse miniaturist architect. His factory for the French knife company Lagoile is run through by a gigantic knife, similar to that designed by Starck himself. Tokyo's Asahi Beer Hall (1990) shrank to become, the following year, a horned cheese dish for Alessi. The Nani Nani (1983) building, also in Tokyo, can easily be transformed into a paperweight produced since 1996 by Alessi. Finally, the Le Baron Vert (1992) building in Osaka repeats the precise lines and forms of the Ed Archer chair for Driade.

extraordinaria; se trata básicamente de fuegos artificiales, modelos espectaculares que despiertan una gran atención mediática, pero en última instancia proyectos que no pasarán del prototipo presentado en la última Feria de Milán o de Colonia. A lo sumo, la edición de una serie limitada que ya estará previamente reservada para viajar a una decena de museos dispuestos a engrosar su colección de artes aplicadas o diseño y que no querrán perderse, por ejemplo, el alucinante conglomerado de mesa-sofá de Hadid presentado en una espectacular rueda de prensa internacional para Sawaya Moroni el año 2000.

La última década del siglo se ha caracterizado por el estrellato de una reducida familia de arquitectos —el *star system*—, cuyas obras, profusamente publicadas, les convierten en famosos, actores culturales del momento. Y al igual que toda ciudad que se precie quiere tener su Guggenheim de Gehry, cada fabricante quiere su silla de arquitecto famoso. Si antes los empresarios elaboraban un catálogo de estilo uniforme que les identificase, ahora prefieren un catálogo variado, donde se pasa sin problemas de conciencia de la exuberancia de Gehry a la contención de Citterio.

Las tácticas de diseño de cada autor pueden ser de mímesis con la obra construida o bien totalmente autónomas, basta con que lleven la firma inconfundible del artista. El papel utilitarista y servicial del arquitecto se ha trasmutado en pirueta de escaparate. El deconstructivismo arquitectónico tiene su reflejo en un diseño radical y autónomo, que ya no dispone, ni pretende encontrar un espacio en la vida cotidiana. Son piezas poco interesadas en servir para algo que no sea su propia bella y fugaz existencia. Quieren ser admiradas cual obras de arte. El discurso individualista y ensimismado toca techo.

Menos es menos, más o menos

Otro "ismo" desarrollado durante las últimas décadas ha sido el minimalismo, y en este caso ha habido una clara identificación entre arquitectura y diseño minimalista, a su vez interrelacionados con otros movimientos artísticos que van desde la música y la danza hasta la literatura. Surge como reacción a los excesos posmodernos, pero como todo movimiento ambiguo acoge facciones muy dispares. En general se trata de la reducción formal, con objetos tranquilos y esenciales, sin pretensión autoafirmativa. El minimalismo adopta muchas estrategias; actúa por reducción formal o matérica, por ausencia o por repetición. Aquí emplazamos a Pawson, Chipperfield o Citterio. Pero el minimalismo más sugestivo es el relacionado con la desmaterialización del objeto. Sólo las prestaciones y no la forma es lo que deseamos de un objeto. La Bauhaus y el propio Mies ya profetizaron que llegaría un día en que no sería necesario diseñar más sillas cuando la tecnología encontrase un sistema neumático o electromagnético que pudiese sostener a la gente en reposo en el aire. En palabras de Starck: "lo que el hombre necesita es agua, no grifos". Lo que sucede es que de momento necesitamos "algo" para poder suministrarla. En este territorio se encuadra la labor de Nouvel, siempre rodeado de filósofos-compañeros de viaje para dar sustancia a su intervenciones, tanto arquitectónicas como de diseño.

service-oriented role has been converted into a showcase pirouette. Architectural deconstructivism has been converted into radical, independent design which no longer has nor seeks a place in everyday life. These are objects with little aim in doing anything other that displaying their own beauty and fleeting existence. They seek to be admired as works of art. Individualism and self-absorption reach the absolute limit.

Less is less (more or less)

Another -ism to have reared its head in recent years has been minimalism. In this case, there are clear links between architecture and design, which are in turn related to other artistic movements, from music and dance to literature. Minimalism has arisen as a reaction to the excesses of postmodernism but, as with all ambiguous movements, it plays host to very different factions. Generally speaking, it involves a reduction of forms, with tranquil objects pared down to the essentials, without any self-affirmative ambitions. Minimalism takes on many guises, reducing forms or material, using space or repetition. This is the world of Pawson, Chipperfield or Citterio. However, the most suggestive minimalism is that which deals with the dematerialization of the object. Only the function, not the form: that is what we want of an object. Bauhaus and Mies van der Rohe himself predicted that the day would come when there would be no need to design any more chairs, as technology would have discovered a pneumatic or electromagnetic system for holding people at rest in the air. In the words of Starck: "what man needs is water, not taps". The problem is that, for now, we still need "something" with which to supply it. It is in this context that we should view the work of Nouvel, always surrounded by his philosopher fellow-travellers to give substance to his forays into architecture and design.

There is also that sad minimalism that arises from a lack of talent: *minimale non fa male* as they say in Italy, defending the reduction to the minimum as providing failsafe viewer impact. Articles which are impossible to use, but which are highly photogenic. In this sense, we are close to the baroque, minimalism's apparent enemy: both employ similar techniques. Extremes which meet in a mutual desire to impress with form.

We can tentatively conclude that, at the dawn of the twenty-first century, architects have lost their role as pre-eminent designers, but that their designs have become ever more spectacular. Advantage is also taken of a century packed with innovations which enhance the prestige of their refined, uncompromising work. "Architect" design takes up an every-decreasing share of the industry, but one that is so remarkable that it will kick-start trends and serve to identify and show signs of progress. In short, there is a shift towards the world of art. Will architects hit upon another seam of realist objects? Or will it forever be left to the new generations of professional designers? Whatever the case, the thrilling, spectacular designs of the architects of the twentieth century are there to admire. Forever. ■

Meier

Meier, el príncipe blanco, heredero de la tradición moderna, cuadricula sistemáticamente su obra inmaculada. Ya sea el Museo de Arte Contemporáneo de Barcelona (1993) o la vajilla para Swid & Powell (1989).

Meier, the White Prince, inheritor of the modern tradition, systematically divides his immaculate work into squares: such is the case of the Barcelona Museum of Contemporary Art (1993) or his crockery for Swid & Powell (1989).

Eisenman

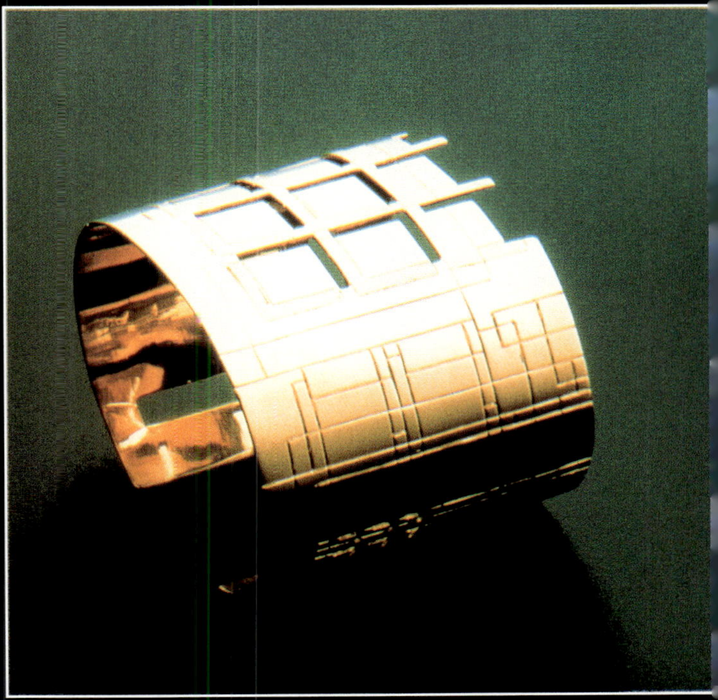

Eisenman describe sus joyas en los términos siguientes: "no son miméticas de las proporciones humanas. No son decorativas ni figurativas, son en sí mismas. Forman parte de un *continuum* progresivo de objetos, desde el anillo al edificio. Son mi arquitectura". Sobran los comentarios. Casa Falk (1970) y brazalete de oro para Cleto Munari (1986).

Eisenman spoke thus of his treasures: "They do not mimic human proportions. They are neither decorative nor figurative, they are themselves. They form part of a progressive continuum of objects from the ring to the building. They are my architecture". Which just about says it all. The Falk House (1970) and gold bracelet for Cleto Munari (1986).

También abunda un minimalismo triste, que lo es por falta de talento ("minimale non fa male", dicen en Italia), explotador de la reducción como infalible golpe de efecto al espectador. Piezas imposibles de usar, pero impresionantes en fotografía, y en este sentido muy cercanas al barroquismo, su aparente enemigo, ya que ambas tendencias se sirven de efectos simétricos. Extremos que se tocan en la voluntad formalista de impresionar.
Podemos concluir, siempre provisionalmente, que a principios del siglo XXI el arquitecto ha perdido su papel predominante de diseñar, pero sus propuestas han ganado en espectacularidad. También se aprovecha del rédito de un siglo lleno de innovaciones que prestigian su labor refinada y contundente. El diseño de arquitectos se configura como una porción cada vez más pequeña del sector, pero tan exquisita, que será la que marcará tendencia y servirá para identificar y dar signos de progreso. En definitiva. asistimos a un cierto trasvase hacia el mundo del arte. ¿Volverá el arquitecto a dar con un filón de objetos realistas? ¿O la generación de diseñadores profesionales ya se encargarán para siempre de ello? Ahí queda el emocionante y espectacular diseño de los arquitectos del siglo XX. Para siempre. ■

Cuando en 1927 Terragni presentó al Ayuntamiento el proyecto de la Casa Novocomum tuvo que disfrazar la fachada con elementos historicistas, y las rotundas esquinas aparecían camufladas gracias a los alzados planos. Pero nadie le impidió volar con las circunferencias de madera en su mesa para la Federación de Agricultores, con sede en el propio edificio. Producida desde 1977 por B.D. Ediciones de Diseño.

When, in 1927, Terragni presented the Novocomum house project to the municipal authorities, its façade was disguised with historicist elements and its curved corners camouflaged thanks to the flat perspective of its elevations. However, nobody could stop his imagination from flying with the circumferences of wood in his table for the Agricultural Federation headquartered in the same building. Produced since 1977 by B.D. Ediciones de Diseño.

Foster

Foster rechaza el calificativo de "high-tech"; tan sólo pretende incorporar a sus obras —edificios o muebles— la tecnología adecuada para solucionar problemas. Arriba, el Business Promotion Center de Duisburg, Alemania (1993) y, debajo, el sistema de librerías Cambridge para Acerbis (1996). Dos estructuras que se expresan, recubiertas de vidrio.

Foster rejects the label "high-tech" and only attempts to incorporate into his work —be it furniture or buildings—such technology as is necessary to solve problems. Above: the Business Promotion Center in Duisburg, Germany, (1993). Below: the Cambridge book-shelving system for Acerbis (1996). Two structures which express themselves, with glass coverings.

NOX

La era digital ha traido un extraordinario desarrollo informático que permite visualizar y determinar complejas formas hasta ahora imposibles de definir mediante parámetros convencionales. El grupo holandés NOX trabaja en esta dirección anamórfica. Arriba, Pabellón H2O en Neeltje Jans, Holanda (1998) y, debajo, container cerámico Tommy producido por Cor Unum el mismo año.

The digital age has brought an extraordinary development in computing which permits complex forms—hitherto impossible to define using conventional parameters—to be determined and visualised. The Dutch group, NOX works in this anamorphic way. Above: the H2O pavilion in Neeltje Jans, Holland, (1998). Below: the Tommy ceramic container produced by Cor Unum, also in 1998.

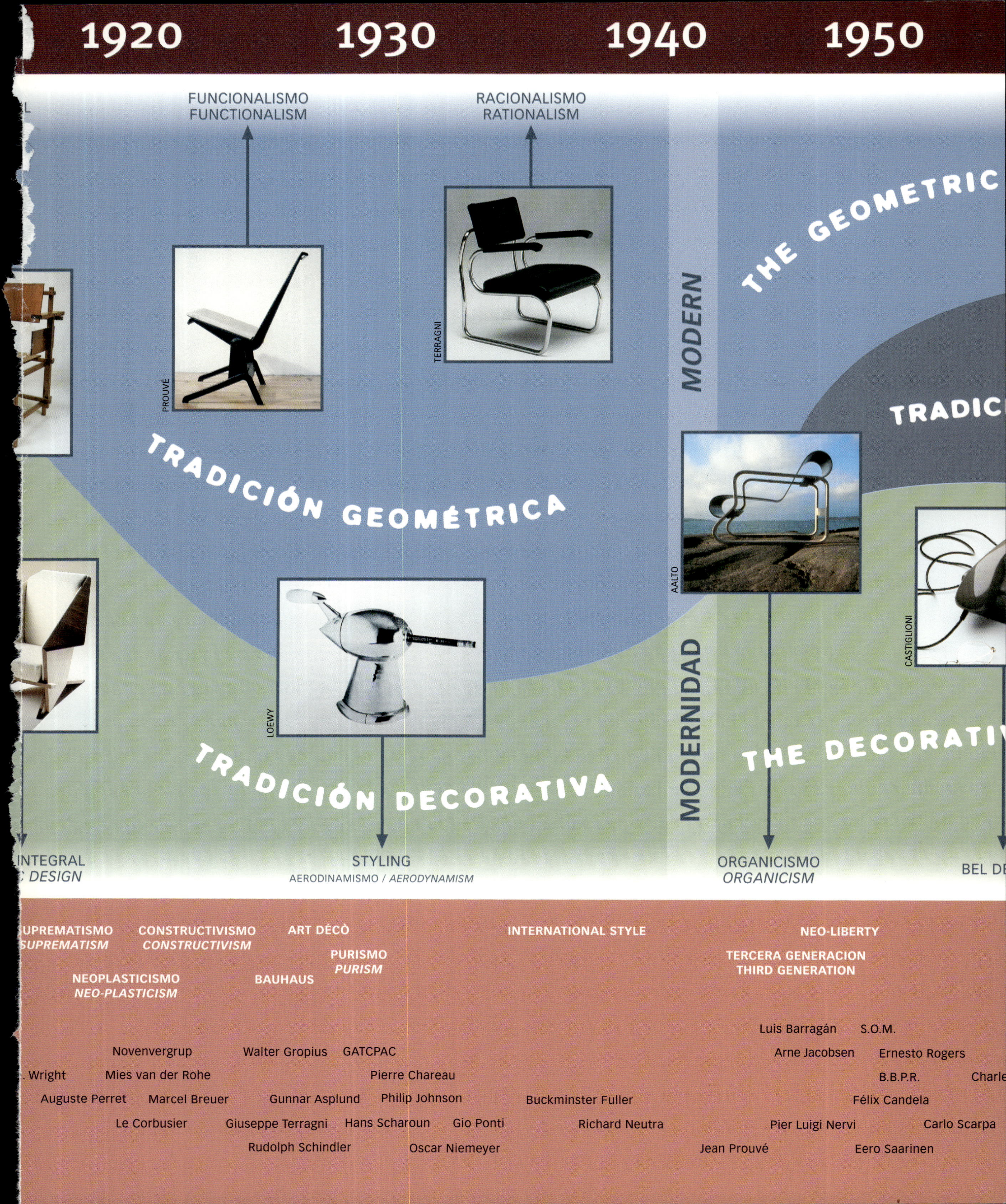
1920
1930
1940
1950
FUNCIONALISMO
FUNCTIONALISM
PROUVÉ
RACIONALISMO
RATIONALISM
TERRAGNI
MODERN
THE GEOMETRIC
TRADIC
TRADICIÓN GEOMÉTRICA
AALTO
CASTIGLIONI
LOEWY
MODERNIDAD
THE DECORATIV
TRADICIÓN DECORATIVA
INTEGRAL
C DESIGN
STYLING
AERODINAMISMO / AERODYNAMISM
ORGANICISMO
ORGANICISM
BEL DE
UPREMATISMO
SUPREMATISM
CONSTRUCTIVISMO
CONSTRUCTIVISM
ART DÉCO
INTERNATIONAL STYLE
NEO-LIBERTY
PURISMO
PURISM
TERCERA GENERACION
THIRD GENERATION
NEOPLASTICISMO
NEO-PLASTICISM
BAUHAUS
Luis Barragán
S.O.M.
Novenvergrup
Walter Gropius
GATCPAC
Arne Jacobsen
Ernesto Rogers
. Wright
Mies van der Rohe
Pierre Chareau
B.B.P.R.
Charle
Auguste Perret
Marcel Breuer
Gunnar Asplund
Philip Johnson
Buckminster Fuller
Félix Candela
Le Corbusier
Giuseppe Terragni
Hans Scharoun
Gio Ponti
Richard Neutra
Pier Luigi Nervi
Carlo Scarpa
Rudolph Schindler
Oscar Niemeyer
Jean Prouvé
Eero Saarinen

"ISMOS" DEL DISEÑO DE ARQUITECTOS DEL SIGLO XX
THE "ISMS" OF TWENTIETH-CENTURY DESIGN BY ARCHITECTS

1900 **1910**

DISEÑO / *DESIGN*

SECESSION

WAGNER

PRERRACIONALISMO
PRE-RATIONALISM

BEHRENS

DE STI

RIETVELD

ARTESANADO / *CRAFTS*
DISEÑO INDUSTRIAL / *INDUSTRIAL DESIGN*

MORRIS

ARTS & CRAFTS

GAUDÍ

MODERNISMO
ART NOUVEAU

WRIGHT

DISEÑO
HOLISTI

"La diferencia entre la concepción orgánica y la geométrica está aún presente en la pintura y la arquitectura contemporáneas. Son dos concepciones eternas y ninguna puede ser considerada superior a la otra."

"The difference between organic and geometric conception is still evident in contemporary painting and architecture. They are eternal conceptions and one can not be considered superior to the other."

Sigfried Giedion

ARQUITECTURA / *ARCHITECTURE*

ARTS & CRAFTS

Escuela de Chicago
The Chicago School

MODERNISMO
ART NOUVEAU

FUTURISMO
FUTURISM

EXPRESIONISMO
EXPRESSIONISM

Wiener Werksutäte

Deutscher Werkbund

CUBISMO
CUBISM

Charles R. Mackintosh
Victor Horta
Peter Behrens
Antoni Gaudí
Otto Wagner
Josef M. Olbrich
Erich Mendelsohn
Frank L
Pugin
Hector Guimard
Josef Hoffmann
Ruskin
Domènech i Montaner
Adolf Loos
Hans Poelzig
Vladimir Tatlin
Morris

"Ismos" del diseño de arquitectos

Sillón *Little Beaver* (1987) de Frank Gehry, producido por Vitra.
Frank Gehry's Little Beaver *armchair (1987), produced by Vitra.*

The "isms" of design by architects

1990 | 2000

LIGHT

ANIMISMO
ANIMISM

ECODESIGN

MINIMALISMO
MINIMALISM

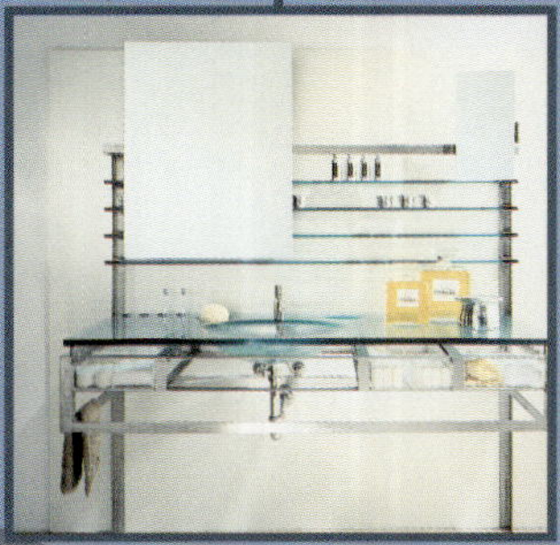
NOUVEL

STARCK

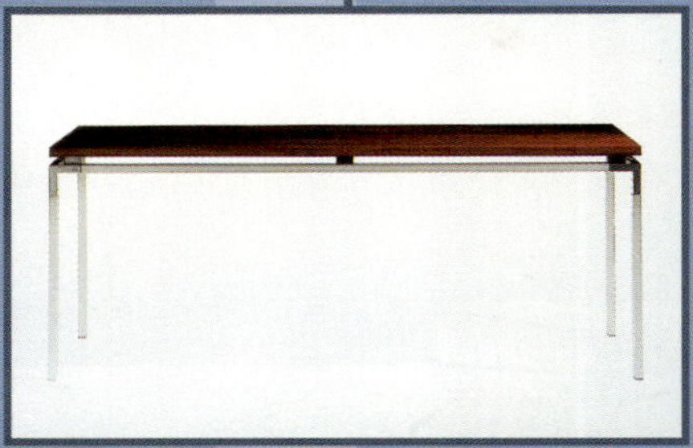
CHIPPERFIELD

RGANIC TRADITION

ERA DIGITAL / *THE DIGITAL ERA*

ARAD

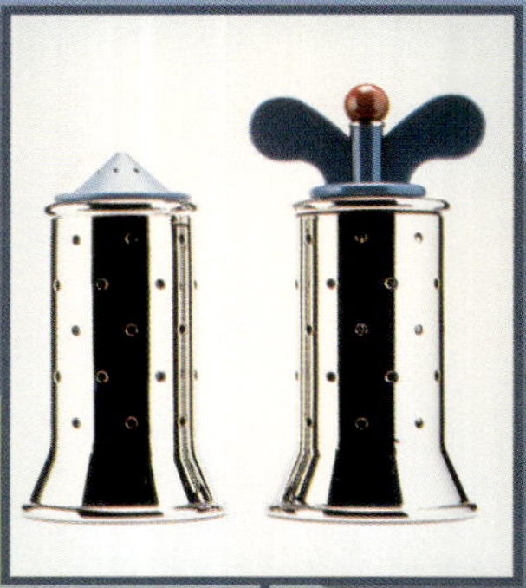
GRAVES

BAN

MIRALLES

RIMITIVISMO
PRIMITIVISM

BRUTALISMO
BRUTALISM

GADGET

DECONSTRUCTIVISMO
DECONSTRUCTIVISM

MINIMALISMO
MINIMALISM

LIGHT

DECONSTRUCTIVISMO
DECONSTRUCTIVISM

ECO TECH

ANAMORFISMO
ANAMORPHISM

Dominique Perrault
Jean Nouvel
Hans Kollhoff
Zaha Hadid
Shigeru Ban
Miralles-Tagliabue
Frank Gehry
Herzog - de Meuron
Toyo Ito
Alejandro Zaera
oolhaas
Christian de Portzamparc
MVRDV
David Chipperfield
Gigon-Guyer
NOX
Steven Holl
Peter Zumthor
Souto Moura
Neutelings & Riedijk
Kazuyo Sejima

60 1970 1980

HIGH-TECH

SOFT-TECH

NEOMODERNO
NEW-MODERN

ADITION

POST-MODERN

FOSTER

KOLLHOFF

THE O

ORGÁNICA

WEIL

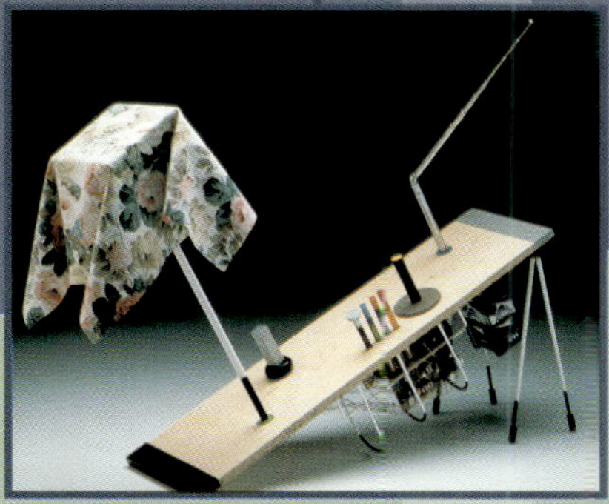

BRANZI

POSTMODERNIDAD

MENDINI

DE LUCCHI

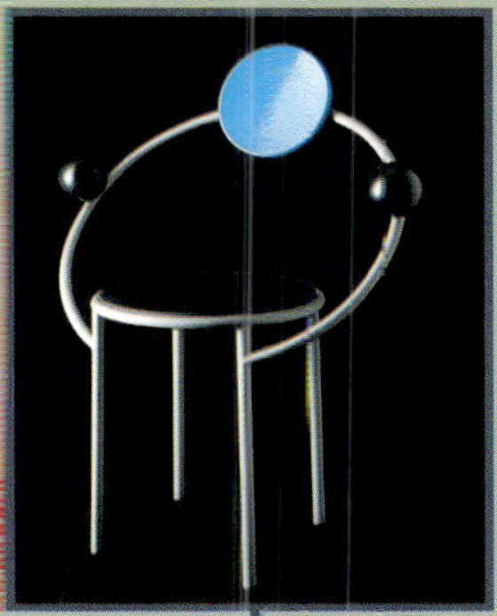

MENDINI & ALCHIMIA

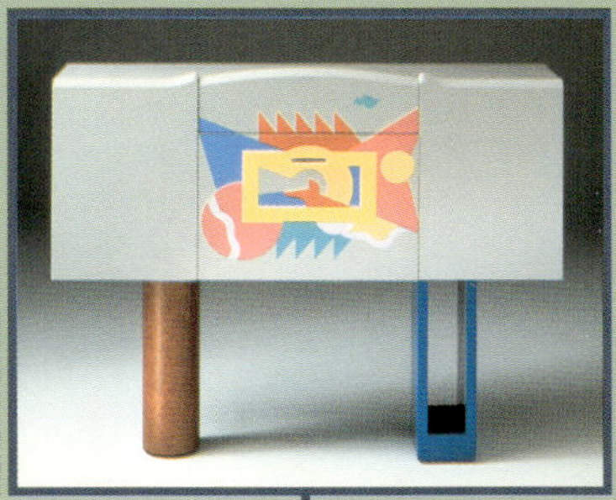

RADITION

RADICAL DESIGN

MEMPHIS

NEOARTESANADO
NEO-CRAFTS

NEOP
NEO-

TALISMO
TALISM

METABOLISMO
METABOLISM

NEO VERNACULO
NEO-VERNACULAR

HIGH-TECH

NEOMODERNISMO
NEO-MODERNISM

REGIONALISMO CRÍTICO
CRITICAL REGIONALISM

RALISMO
RALISM

TENDENZA

Richard Meier Norman Foster

thson Kenzo Tange Ieoh M. Pei Aldo Rossi Christopher Alexander Peter Eisenman Coop Himmelblau Alvaro Siza

es Kisho Kurokawa Robert Venturi Site MBM Arata Isozaki Tadao Ando Ricardo Bofill

ertzberger Louis I. Kahn César Pelli Robert Stern Hans Hollein Michael Graves Rafael Moneo Rem

io Coderch Correa-Milà Paolo Portoghesi Charles Moore Jørn Utzon Richard Rogers Mario Botta

Ralph Erskine James Stirling Renzo Piano O.M. Ungers

Sesión fotográfica para la publicidad de las sillas *Aluminum group* de Herman Miller, diseñadas por Charles y Ray Eames.
Photo shoot for Herman Miller "Aluminum group" ad.

de generaciones

Generation table

CUADRO DE GENERACIONES / GENERATION TABLE

ARQUITECTOS DISEÑADORES / ARCHITECT DESIGNERS

		1850	1860	1870	1880
Antoni Gaudí	1852 Reus, España				
Henry Van De Velde	1863 Amberes, Bélgica				
Frank Lloyd Wright	1867 Wisconsin, EE.UU.				
Charles Rennie Mackintosh	1868 Glasgow, Gran Bretaña				
Peter Behrens	1868 Hamburgo, Alemania				
Adolf Loos	1870 Brno, República Checa				
Josef Hoffmann	1870 Pirnitz, República Checa				
Gottlieb Eliel Saarinen	1873 Rantasalmi, Finlandia				
Walter Gropius	1883 Be				
Erik Gunnar Asplund	1885				
Ludwig Mies van der Rohe	188				
Le Corbusier	18				
Gerrit Thomas Rietveld					
Gio Po					

GAUDÍ

INTEGRALES / *HOLISTIC*
Art Nouveau

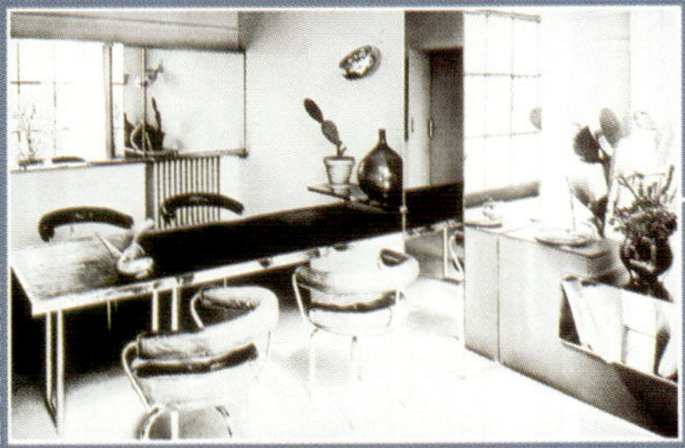

LE CORBUSIER

HEROÍCOS / *HEROIC*
Funcionalismo / *Functionalism*

AALTO - ARTEK

INVENTORES / *INVENTORS*
Organicismo / Organicism

BELLINI - B&B

ESTETAS / *AESTHETES*
Bel Design

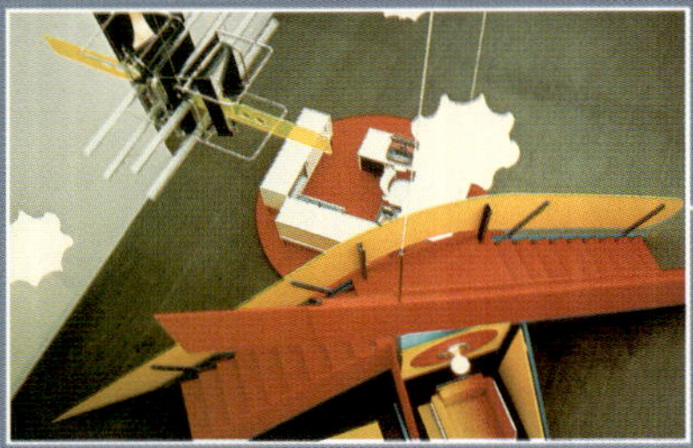

HOLLEIN

RADICALES / *RADICALS*

ROSSI - TRIENALE MILANO

MINIATURISTAS / *MINIATURISTS*
Postmodernismo / Post-modernism

SEJIMA - DRIADE

EXPERIMENTALES / *EXPERIMENTAL*
Star System

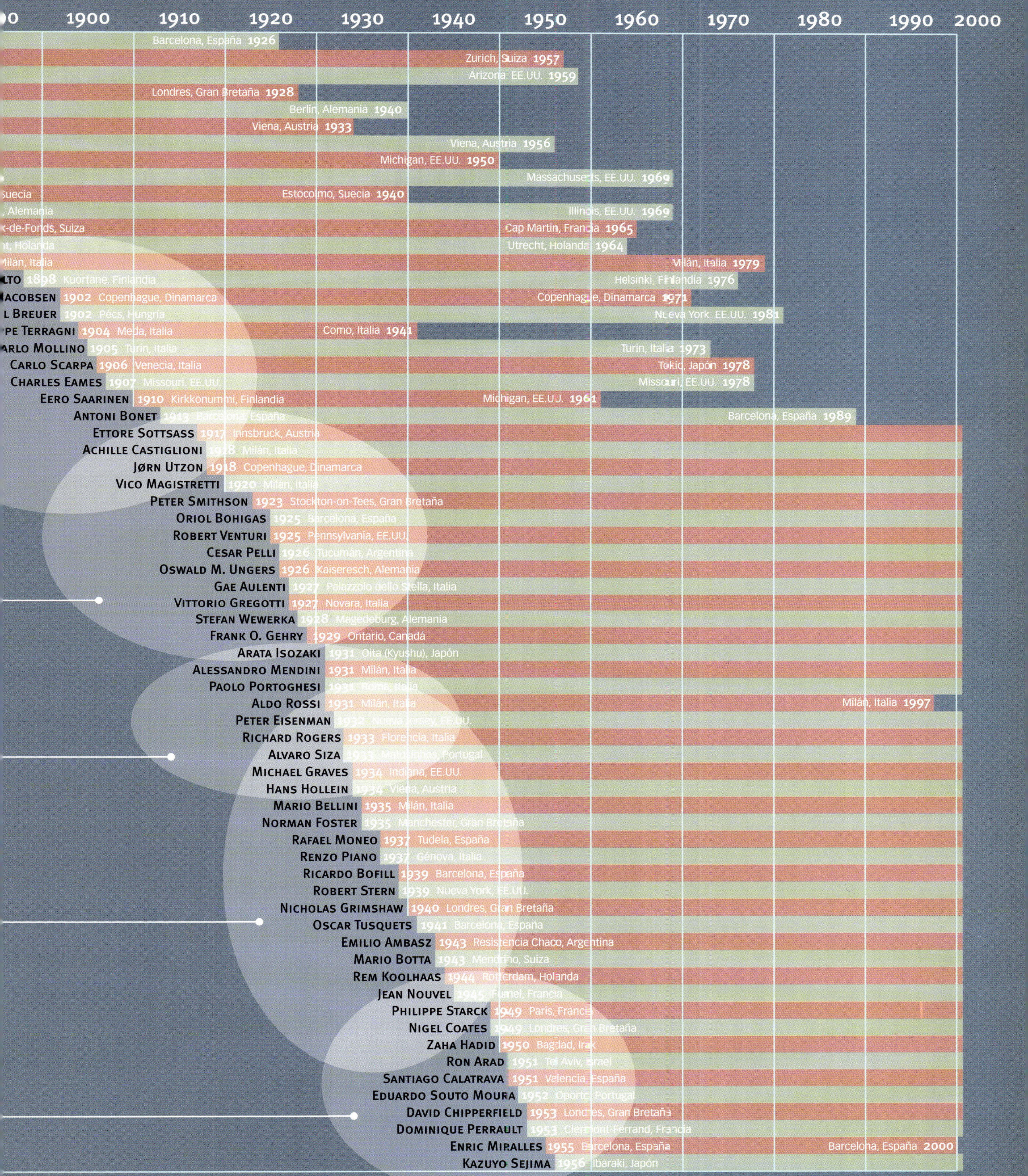
1900 1910 1920 1930 1940 1950 1960 1970 1980 1990 2000
Barcelona, España 1926
Zurich, Suiza 1957
Arizona EE.UU. 1959
Londres, Gran Bretaña 1928
Berlín, Alemania 1940
Viena, Austria 1933
Viena, Austria 1956
Michigan, EE.UU. 1950
Massachusetts, EE.UU. 1969
Estocolmo, Suecia 1940
Illinois, EE.UU. 1969
Cap Martin, Francia 1965
Utrecht, Holanda 1964
Milán, Italia 1979
1898 Kuortane, Finlandia
Helsinki, Finlandia 1976
1902 Copenhague, Dinamarca
Copenhague, Dinamarca 1971
1902 Pécs, Hungría
Nueva York EE.UU. 1981
1904 Meda, Italia
Como, Italia 1941
Carlo Mollino 1905 Turín, Italia
Turín, Italia 1973
Carlo Scarpa 1906 Venecia, Italia
Tokio, Japón 1978
Charles Eames 1907 Missouri, EE.UU.
Missouri, EE.UU. 1978
Eero Saarinen 1910 Kirkkonummi, Finlandia
Michigan, EE.UU. 1961
Antoni Bonet 1913 Barcelona, España
Barcelona, España 1989
Ettore Sottsass 1917 Innsbruck, Austria
Achille Castiglioni 1918 Milán, Italia
Jørn Utzon 1918 Copenhague, Dinamarca
Vico Magistretti 1920 Milán, Italia
Peter Smithson 1923 Stockton-on-Tees, Gran Bretaña
Oriol Bohigas 1925 Barcelona, España
Robert Venturi 1925 Pennsylvania, EE.UU.
Cesar Pelli 1926 Tucumán, Argentina
Oswald M. Ungers 1926 Kaiseresch, Alemania
Gae Aulenti 1927 Palazzolo dello Stella, Italia
Vittorio Gregotti 1927 Novara, Italia
Stefan Wewerka 1928 Magedeburg, Alemania
Frank O. Gehry 1929 Ontario, Canadá
Arata Isozaki 1931 Oita (Kyushu), Japón
Alessandro Mendini 1931 Milán, Italia
Paolo Portoghesi 1931 Roma, Italia
Aldo Rossi 1931 Milán, Italia
Milán, Italia 1997
Peter Eisenman 1932 Nueva Jersey, EE.UU.
Richard Rogers 1933 Florencia, Italia
Alvaro Siza 1933 Matosinhos, Portugal
Michael Graves 1934 Indiana, EE.UU.
Hans Hollein 1934 Viena, Austria
Mario Bellini 1935 Milán, Italia
Norman Foster 1935 Manchester, Gran Bretaña
Rafael Moneo 1937 Tudela, España
Renzo Piano 1937 Génova, Italia
Ricardo Bofill 1939 Barcelona, España
Robert Stern 1939 Nueva York, EE.UU.
Nicholas Grimshaw 1940 Londres, Gran Bretaña
Oscar Tusquets 1941 Barcelona, España
Emilio Ambasz 1943 Resistencia Chaco, Argentina
Mario Botta 1943 Mendrisio, Suiza
Rem Koolhaas 1944 Rotterdam, Holanda
Jean Nouvel 1945 Fumel, Francia
Philippe Starck 1949 Paris, Francia
Nigel Coates 1949 Londres, Gran Bretaña
Zaha Hadid 1950 Bagdad, Irak
Ron Arad 1951 Tel Aviv, Israel
Santiago Calatrava 1951 Valencia, España
Eduardo Souto Moura 1952 Oporto, Portugal
David Chipperfield 1953 Londres, Gran Bretaña
Dominique Perrault 1953 Clermont-Ferrand, Francia
Enric Miralles 1955 Barcelona, España
Barcelona, España 2000
Kazuyo Sejima 1956 Ibaraki, Japón

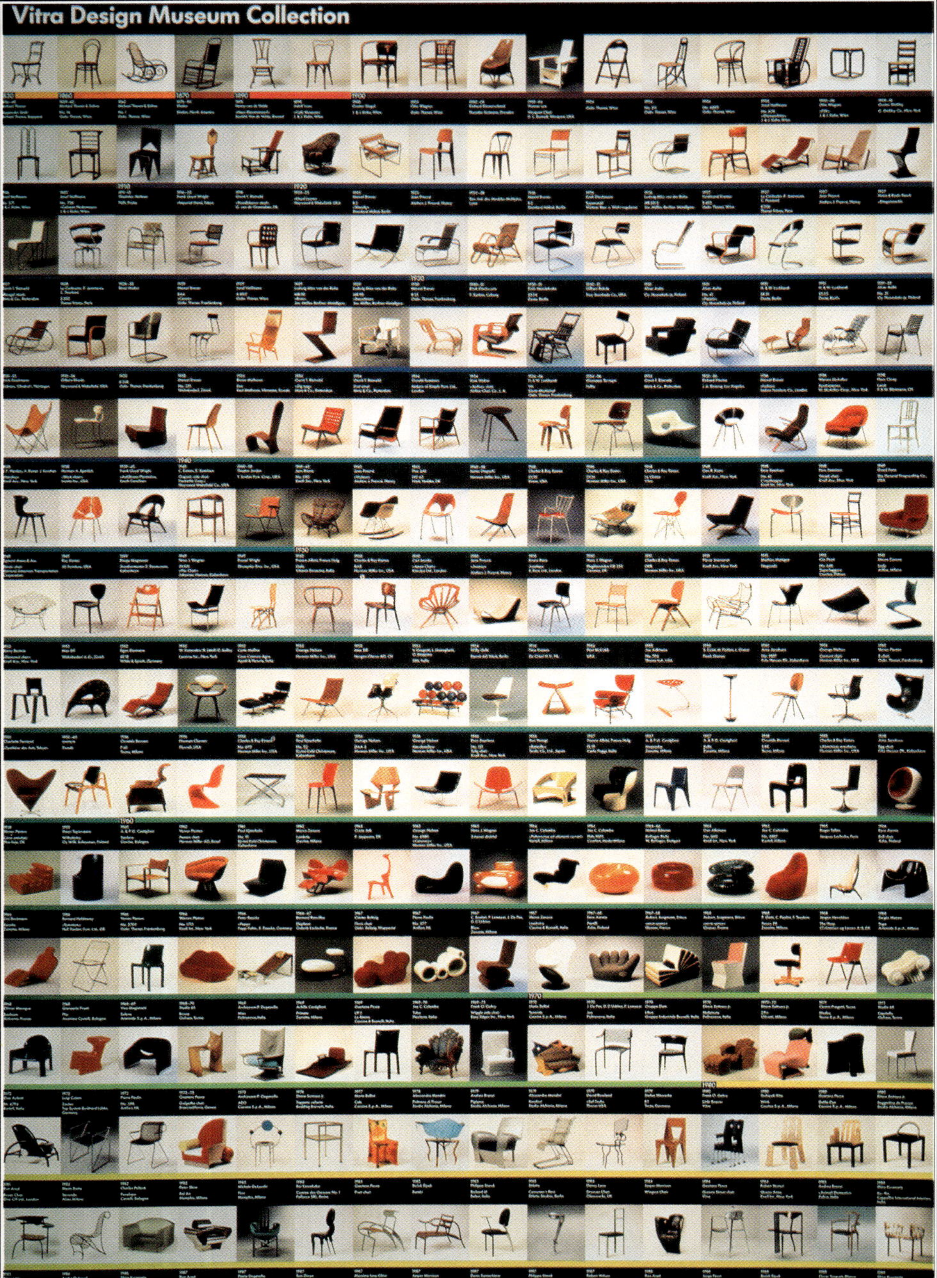

Sin duda la silla es la prueba de fuego de todo arquitecto con veleidades de diseñador. En este póster se muestra la prestigiosa colección de sillas del museo Vitra, trufada de importantes aportaciones de arquitectos.

Without doubt, it is the chair which is the acid test for any architect with design pretensions. This poster shows the prestigious chair collection of the Vitra Museum, crammed with important contributions by architects.

Los Diseños

Sillas
Chairs
Butacas
Armchairs
Chaises longues
Lounge seating
Sofas
Sofas
Mesas
Tables
Muebles
Furniture
Lámparas
Lighting
Diseño Industrial
Industrial Design
Sobremesa
Tableware
Mobiliairo Urbano
Street Furniture
Vehículos
Vehicles
Joyas
Jewellery

The Designs

Sillas Chairs

Hoffmann

Horta

Esta silla típicamente secesionista fue diseñada por Hoffmann para el Cabaret Fledermaus, en la Viena de 1907. Originalmente se presentaba totalmente lacada en blanco o en negro, a excepción de las bolas decorativas —y a la vez ayuda estructural—, que se pintaban con el color opuesto. A la derecha, silla de Victor Horta, en claro estilo *Art Nouveau*.

This typically secessionist chair was designed by Hoffmann for Vienna's Cabaret Fledermaus in 1907. It was originally available in black or white lacquer, with the decorative balls and structural support painted in the opposite colour. *Right*: A chair by Victor Horta, clearly Art Nouveau in style.

Wagner

Otto Wagner

"Aquellos objetos que tienen su origen en las ideas modernas (huelga decir que sólo se trata de aquellos cuya forma se ha convertido también en forma artística) armonizan a la perfección con nuestro aspecto externo, algo que los objetos basados en la copia y en la imitación no pueden conseguir nunca."

"Those objects which have their origins in modern ideas (needless to say we only talking about objects whose form has also become an artistic form) are perfectly harmonious with our external appearance, something which objects based on copies and imitation can never achieve."

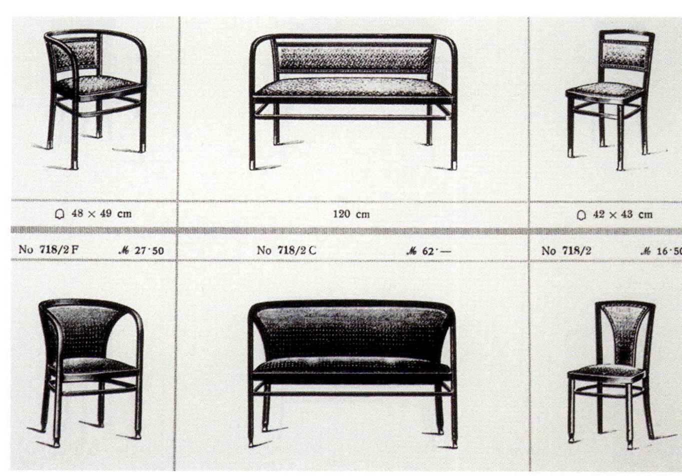

○ 48 × 49 cm	120 cm	○ 42 × 43 cm
No 718/2 F ℳ 27·50	No 718/2 C ℳ 62·—	No 718/2 ℳ 16·50

Otto Wagner marca la ruptura finisecular entre la tradición y la modernidad que emerge: a la izquierda, silla de 1903 producido por Thonet. Arriba, página del catálogo de la empresa Jacob & Josef Kohn (Viena, 1916).

Otto Wagner marked the turn-of-the-century break between tradition and the emerging modernity. *Left*: chair produced in 1903 by Thonet. *Above*: Page from the Viennese company Jacob & Josef Kohn's 1916 catalogue chairs.

Gaudí

Gaudí acostumbraba a acabar sus proyectos de forma integral, desde el edificio hasta el mobiliario. Se cuenta que diseñó sillas diferentes para hombres y mujeres, para que, teniendo en cuenta la indumentaria de la época, resultaran más cómodas a unos o a otras. Sillón para la Casa Calvet, de 1902. Producido desde 1976 por B.D. Ediciones de Diseño.

Gaudí liked to complete his projects in as integrated a form as possible, from the building to the furniture. It is said that he designed his chairs for men and women on the basis of sitting comfort, given the clothing of the time. Armchair for the casa Calvet (1902). Produced since 1976 by B.D. Ediciones de Diseño.

Sillas Chairs

Loos

Cuando en 1899 Adolf Loos rediseñó la famosa silla *Thonet nº 14* para su Cafe Museum, en Viena, nadie podía imaginar que procedía de un potente iconoclasta. Una década después publicaría su demoledora sentencia, "ornamento es delito", y con ella abriría la puerta al racionalismo en la arquitectura y el diseño.

When, in 1899, Adolf Loos redesigned the famous Thonet number 14 chair for his Cafe Museum in Vienna, nobody could imagine that this was the work of a powerful iconoclast. A decade later, he would issue his devastating verdict that ornament was a crime, thereby opening the door to Rationalism in both architecture and design.

Adolf Loos

"Ornamento sólo lo tienen aquellos objetos que dependen de una parte de la humanidad —yo la llamo la inculta—: la de los arquitectos. Donde se suministren objetos utilitarios bajo influencia de los arquitectos, esos objetos serán anacrónicos, es decir inmodernos. Esto, naturalmente, también es válido para los arquitectos *modernos*."

"Only those objects have ornamentation which depend on a part of humanity–a part which I call uncultured–that of the architects. When utilitarian objects are produced under the influence of architects, they are anachronistic, that is to say, un-modern. Naturally, this is also true for modern architects."

Hoffmann - Kuramata

El japonés Shiro Kuramata rindió homenaje a Hoffmann en los años 80: recubrió de alambre su conocida silla de café, diseñada en 1925 para Thonet.

Japan's Shiro Kuramata offered a tribute to Hoffmann in the eighties, covering his well-known café chair, designed in 1925 for Thonet, in wire.

Asplund

Esta sinuosa y elegante silla fue diseñada por Gunnar Asplund para amueblar el Tribunal de Goteburgo en 1937. En la actualidad la produce la empresa Cassina.

This sinuous, elegant chair was designed by Gunnar Asplund for the Gothenburg Courthouse in 1937. A reproduction is currently being produced by the company Cassina.

Mackintosh

Todo un icono; tal vez la silla de arquitecto más célebre de la historia. Y curiosamente nació como silla auxiliar para amueblar un dormitorio de la Casa Hill (Glasgow, 1902), de Mackintosh. Setenta años más tarde Cassina la reeditó respetando sus reducidas dimensiones originales (un asiento de apenas 41 x 35 cm) y la sección de la madera de fresno llevada al límite de su resistencia.

A classic icon, and perhaps the most celebrated architect chair of all times. Curiously enough, it began as an occasional chair, part of the furnishings of a bedroom of Mackintosh's Hill House (1902) in Glasgow. Seventy years later, it was revived by Cassina, respecting its original minute dimensions (with a seating area of 41 by 35 cm.) and with the ash section taking the wood to the very limits of its resistance.

Lloyd Wright

Esta silla fue diseñada por Frank Lloyd Wright en 1908 para la Casa Robie, con su característico listonado vertical, común en muchos de sus proyectos de muebles. Creó más de 400, siempre pensados de forma armónica para sus arquitecturas.

La mesa fue diseñada casi veinte años más tarde para su propia casa en Taliesin, pero mantiene una clara relación con la silla. Ambas piezas fueron puestas en producción en los años 80 por Cassina en su colección *I maestri*.

This chair was designed in 1908 by Frank Lloyd Wright for the Robie House, with its vertical lath structure, a common theme of many of his furniture projects. He created more than 400 items, always designed in harmony with his architecture.

The table was designed almost twenty years later for his own house in Taliesin, but is nonetheless still clearly related to the chair. Both articles were manufactured in the eighties by Cassina for their "I maestri" collection.

Sillas Chairs

"No animar nunca a la fabricación de ningún artículo que no sea absolutamente necesario, ni a la producción en que la invención no participe."

"Do not encourage the production of any article which is not absolutely necessary, nor production which lacks invention."

John Ruskin

El Lissitzky

El arquitecto constructivista ruso El Lissitzky ensayó en 1930 una serie de mobiliario en laminado de madera para una exposición en Dresde. Este modelo ha sido reeditado por Tecta.

In 1930, the Russian Constructivist architect El Lissitzky made a test range of furniture in wood laminate for an exhibition in Dresden. This model has been reproduced by Tecta.

Tatlin

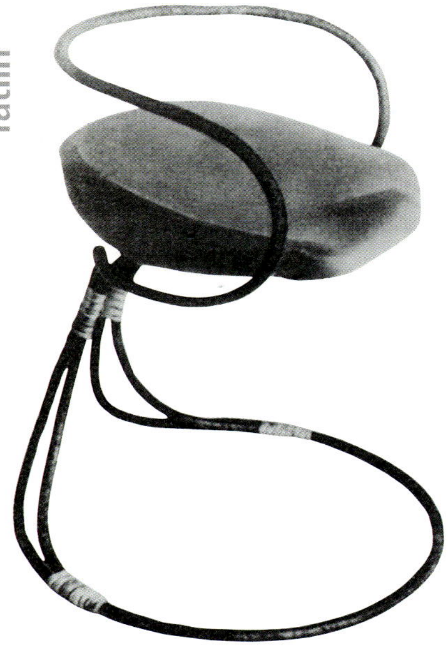

Este imposible taburete fue diseñado por el Vladimir Tatlin en 1927. Se denominaba *Viennese bent-wood chair* y pretendía expresar el fluido dinamismo del constructivismo. La primera versión se confeccionó con madera y caña, y el asiento se inspiraba en el de los tractores.

This impossible stool was designed by Vladimir Tatlin in 1927. Named the "Viennese bent-wood chair" it aimed to express the fluid dynamism of Constructivism. The first version was made of wood and cane and the seat was inspired by tractors.

Rietveld

La composición obedece a la comunión de las partes, respetando la entidad de cada elemento, un sistema compositivo paralelo al neoplasticimo en pintura y la propia arquitectura de Rietveld. Esta butaca la diseñó en 1919, un año después de la famosa *Roodblauwe*.

Its composition is based on a communion of the parts, respecting the each individual element: a compositional system parallel to that of Neo-Plasticism in painting and the architecture of Rietveld himself. He designed this armchair in 1919, a year after the famous Roodblauwe.

Para algunos todo un manifiesto, para otros, un chiste de mal gusto. En cualquier caso, un reto constructivo al peso y la gravedad. El racionalismo, influenciado por el neoplasticismo, iba a tomar partido por la geometría —en contraposición a la figuración— para afirmarse frente al decorativismo imperante.
Rietveld lo intentó primero con un chasis metálico recubierto de fibra; después, con dos chapas metálicas recubiertas de madera; y finalmente, con cuatro tablones atornillados y rigidizados con un listón en los ángulos. La diseñó en 1934, y Cassina la puso en producción en 1973.

To some a manifesto, to others a joke in poor taste. Whatever the case, a challenge to build, due to the interplay of weight and gravity. Rationalism, influenced by New-Plasticism, was about to take the side of geometry against figuration, thus affirming its stand against the rule of Decorativism.
Firstly, Rietveld attempted the feat with a metal chassis covered with fibre, then with metal plates covered in wood and, finally, with four screwed boards, reinforced in the corners. The design dates from 1934 and was put into production by Cassina in 1973.

Sillas Chairs

Mies

Mies

Mies

¿Era posible imaginarse en los años veinte una silla con sólo dos patas? Evidentemente, no; de ahí la importancia de la invención de la silla en tubo de acero —como las bicicletas— capaz de sostenerse de forma basculante.
Fueron los arquitectos Mart Stamp y Marcel Breuer los primeros en ensayar esta nueva familia de muebles, pero sin duda cabe reconocer la maestría de Mies van der Rohe para crear los modelos más elegantes.
A la derecha y encima, sillas creadas por Mies en 1927 para la exposición del Weisenhof. Fueron producidas inicialmente por Metallgewerbe Joseph Muller y bautizadas como *MR*. Pero fueron realmente popularizadas varias décadas más tarde de la mano de la empresa americana Knoll International. Ante la imposibilidad de servir como asiento en una mesa, debido a su curvatura delantera, Mies desarrolló otras versiones, como la *Brno*, sobre estas líneas, más razonables desde el punto de vista funcional. La *Brno* fue diseñada para la Casa Tugendhat en 1929-30, y puesta en producción por Knoll International en 1960, con una versión en pletina plana de 1977.

In the twenties, was it possible to imagine a chair with only two legs? Evidently not, and hence the importance of the invention of a chair in steel tubing (like that used for bicycles), capable of providing cantilevered support.
Architects Mart Stamp and Marcel Breuer were the first to attempt this new family of furniture, but its is only fair to recognise the genius of Mies van der Rohe in creating the most elegant designs.
Left and above: chairs created by Mies in 1927 for the Weisenhof exhibition, first produced by Metallgewerbe Joseph Muller under the name "MR". However, they were made truly popular decades later by the American firm Knoll International. Given the impossibility of using it as a dining chair, due to its curved front, Mies developed other versions, such as the Brno, *above*, more "reasonable" from a functional point of view. La Brno was designed for the company Tugendhat in 1929-30 and put into production by Knoll International in 1960, with the flat sheet form appearing in 1977.

Le Corbusier

"Si estudiáramos el problema del alojamiento, de las viviendas mismas, de la misma forma que el de las carrocerías, nuestras casas mejorarían rápidamente. Si se produjeran en cantidades industriales, como se hace con las carrocerías de coches, pronto veríamos cómo se desarrollan formas inesperadas, que serían salubres, que valdría la pena defender y cuya estética se desarrollaría con una precisión asombrosa."

"If the problem of housing, of dwellings themselves, were studied in the same way as that of the chassis, our houses would be quickly improved. If they were produced industrially, as are auto chassis, one would soon see the development of unexpected forms, which would be healthy and worth defending and whose aesthetic would develop with astonishing precision."

Perriand

Máquinas para sentarse: ese era el objetivo de Le Corbusier en su búsqueda de una nueva y revolucionaria familia de muebles modernos. Sin embargo, esta silla giratoria fue diseñada por Charlotte Perriand en 1926, cuando el maestro seguía amueblando sus interiores con la tradicional silla *Thonet*. Curiosamente, tres años más tarde, cuando Charlotte ya trabajaba en el estudio de la rue de Sèvres, esta y otras famosas piezas fueron presentadas en el Salon d'Automne de París de 1929, firmadas por Le Corbusier, Pierre Jeanneret y Charlotte Perriand. Cuando Perriand abandonó el estudio en 1937, Le Corbusier no volvió jamás a diseñar ningún mueble, aunque lo cierto es que, con la escasa media docena de piezas creadas, consiguió dejar una huella imborrable.

Machines for sitting in: this was the goal of Le Corbusier in his quest for a new, revolutionary family of modern furniture. However, this swivel chair was designed by Charlotte Perriand in 1926, when the master was still furnishing his creations with the traditional Thonet chair. Curiously, three years later, when Charlotte was already working in the Rue de Sèvres studio, this and other pieces were presented at the Paris Salon d' Automne of 1929 now under the name of Le Corbusier, Pierre Jeanneret y Charlotte Perriand. After the latter left the studio in 1937, Le Corbusier never again designed furniture, although it is true to say with his meagre half-dozen creations, he left a truly indelible mark.

Perriand

Sillas Chairs

Walter Gropius

"Un objeto viene determinado por su esencia. Para realizarlo de modo que funcione correctamente —un recipiente, una silla, una casa— primero se debe estudiar su esencia; puesto que debe cumplir plenamente su cometido, es decir, debe realizar útilmente sus funciones, debe ser duradero, barato y ´bonito´."

"An object is determined by its essence. In order for it to work properly—a container, a chair, a house—you must first study its essence; since it must fully fulfil its purpose, that is to say it must serve its purpose, it must be long-lasting, cheap and 'nice'."

Breuer

Este modelo de silla basculante fue uno de los primeros en lograr aceptación popular. Tal vez porque asiento y respaldo recuerdan las sillas tradicionales tipo *Thonet*, precisamente la primera empresa que se atrevió a producirla. La diseñó Breuer en 1928, y en los años 60 fue bautizada por el empresario italiano Dino Gavina como *Cesca*, en homenaje a la hija de Breuer. Es, sin duda, la silla "moderna" por antonomasia.

This cantilevered chair was one of the first to achieve popular acceptance. Perhaps because both seat and back recall traditionally-styled chairs by Thonet, which was in fact the first company that dared to produce it. It was designed by Breuer in 1928 and, in the sixties, named "Cesca" by the Italian businessman Dino Gavina, after Breuer's daughter. It is without doubt the best example of a "modern" chair.

Sert

Josep Lluís Sert diseñó esta silla para el interior de la joyería Roca de Barcelona en 1934. Sert, que fue miembro del grupo racionalista GATCPAC, se mostró muy preocupado por temas de amueblamiento hasta su exilio en Estados Unidos, momento a partir del cual ya nunca volvió a interesarse por el diseño.

Josep Lluis Sert designed this chair for Barcelona's Roca jewellers in 1934. He was a member of the Rationalist group GATCPAC, highly preoccupied with furnishing. However, following his exile to the United States, he never again concerned himself with design.

El arquitecto exiliado español Antoni Bonet Castellana y dos argentinos, Kurchan y Ferrari Hardoy, coincidieron a finales de los años 30 en el estudio de Le Corbusier. De vuelta a Buenos Aires crearon el grupo Austral, y para amueblar su apartamento decidieron, en 1939, crear una tumbona inspirada en la tradicional silla de viaje y caza conocida como "tripolina", un trípode plegable de madera con una funda de tela colgada, aunque en este caso con la renuncia al plegado y con la inclusión de innovaciones geniales: dos estructuras idénticas de varilla doblada, cruzadas y soldadas en sus frágiles intersecciones, cada una de ellas con un lado más alto que el otro, para así crear una zona de respaldo, colgando una funda de cuero de vaca, abundante en Argentina.

Al carecer de patente, cientos de empresas la fabricaron (incluida Knoll International, que la divulgó), y en los Estados Unicos se convirtió en un símbolo de los años 50. Se calcula que en 1955 se habían vendido cinco millones de ejemplares.

Exiled Spanish architect Antoni Bonet Castellana and two Argentinians, Kurchan and Ferrari Hardoy, met at the end of the thirties in Le Corbusier's studio. On their return to Buenos Aires, they created the Austral group. To furnish their apartment, they decided in 1939 to create an easy chair inspired by the traditional portable traveller's and hunter's chair known as a "tripolina", which was a foldable wooden tripod with a hanging fabric seat.

In this particular case, however, they renounced the ability to fold the chair and introduced a number of brilliant innovations: there are two identical structures of bent rods, crossed and welded at their fragile intersections. Each has one side higher than the other, which allows for an area supporting the back, made from cowhide, so abundant in Argentina. Since they did not patent their invention, hundreds of companies manufactured it (including Knoll International, who made it popular) and converted it into a symbol of the fifties in the US. In 1955, it was calculated that 5 million had already been sold.

Neutra

Nacido en Viena, Richard Neutra viajó por Europa y Asia para finalmente asentarse en Los Ángeles, donde en 1929 diseñó esta silla, que años más tarde patentaría como *Canteliver chair*. En 1991 la empresa Prospettive puso en producción una docena de diseños de Neutra concebidos en todos los casos para sus propios proyectos de arquitectura.

Born in Vienna, Richard Neutra travelled through Europe and Asia before finally settling in Los Angeles. It was there, in 1929, that his designed this chair, which, years later, he patented as the "Cantilever chair". In 1991, the company Prospettive put into production a dozen of his designs, which were always conceived for his architectural projects.

Breuer

Empieza en un reposabrazos y sigue sin interrupción hasta el otro. Este principio de continuidad del tubo es la base de este sillón de Breuer, que ha sufrido infinidad de pequeñas modificaciones y versiones desde 1928. Esta, recubierta en mimbre, es de Thonet.

It begins with one armrest, which continues without interruption to form the other. This principle of the continuity of the tube is the basis of this armchair by Breuer, which has undergone an infinite number of tiny modifications and version changes since 1928. This wicker model is by Thonet.

Asplund

Tras su "conversión" al racionalismo en la Exposición de Estocolmo de 1930, Asplund diseñó esta silla para la Swedish Society for Industrial Design (1931). (Nationalmuseum Stockholm).

Following his "conversion" to Rationalism at the Stockholm World Exhibition of 1930, Asplund designed this chair for the Swedish Society for Industrial Design (1931). (Stockholm Nationalmuseum).

Terragni

“Si un elogio debemos hacer a Terragni —saludaba la revista italiana *Quadrante*— será el haberse cuidado de todo integralmente en su edificio, desde los cimientos a la ejecución de una manecilla”. Durante el diseño y construcción de la Casa del Fascio en Como (1932-36), Giuseppe Terragni dibujó diversas piezas de mobiliario para cada una de las estancias, pero sólo se produjo el sillón de la sala de reuniones. En 1965 Zanotta se interesó por esos diseños y en colaboración con sus herederos materializó un dibujo en la silla *Follia* (1972) —izquierda— y puso en producción con el nombre de *Sant' Elia* —derecha— el sillón original de la Sala del Directorio, hilvanado con un único tubo doblado (1970).

“If we should praise Terragni”, proclaimed the Italian magazine Quadrante, “then let it be for having supervised the entirety of his buildings, from their foundations to the door handles”. During the design and construction of the Casa del Fascio in Como (1932-36), Giuseppe Terragni designed various items of furniture for each of the rooms, but only the armchair for the meeting room was actually produced. In 1965 Zanotta took an interest in these designs and, in collaboration with his heirs, gave form to one of the them with the Follia chair (1972, *left*) and produced, under the name of Sant' Elia (*right*) the original boardroom armchair, made from a single piece of shaped tubing.(1970).

Jacobsen

La silla, una combinación magistral entre racionalismo (para la estructura) y organicismo (para el asiento-respaldo), con un indefinible toque de magia en las proporciones, todo ello característico de Jacobsen. La diseñó en 1952 para el comedor de la fábrica Novo en Copenhague. La silla *Ant*, por su silueta con forma de hormiga sobre delgadas patas —tres en la primera versión—, se convirtió inmediatamente en un paradigma de la silla moderna. Y en un éxito comercial, pues Fritz Hansen la sigue vendiendo a millones —sin contar los plagios e inspiraciones— en sus más de diez versiones.

"The chair", a masterful combination of Rationalism (for the structure) and Organicism (for the seat and back rest), with an indefinable touch of magic in its proportions, so characteristic of Jacobsen. The design dates from 1952, and was for the canteen of the Novo factory in Copenhagen. The Ant chair, so called due to its profile in the shape of an ant on slim legs (three in the initial version) immediately became a paradigm of the modern chair. Furthermore, Fritz Hansen continues to sell millions of its more than ten versions, not to mention the innumerable copies and derivatives.

"Los que nos ocupamos de construcción de viviendas sabemos que el espacio es cada vez más exiguo. Por consiguiente los muebles deben ocupar menos espacio. Yo he hecho mis sillas para que se puedan apilar, dejando el suelo libre. Esto es muy importante en las casas particulares, y no digamos en una sala de conferencias. La primera silla me costó un año hacerla, y finalmente, tuve el valor de sacarla a la luz pública."

Arne Jacobsen

"Those of us who are concerned with house construction know that space is ever more limited. Consequently, furniture should occupy less space. I have designed my chairs so that they can be stowed away leaving the floor space free. In private houses this is very important, and even more so, shall we say, in a conference hall. It took me a year to make the first chair and in the end I had the courage to present it publicly."

Jacobsen

El poderío formal de la silla *Ant* (1952), de Arne Jacobsen, queda patente casi medio siglo después en esta variante producida por la empresa Fritz Hansen. Se trata del famoso modelo *3107*, que incorpora ruedas o barra fija, está acolchado y dispone de reposabrazos, para satisfacer las exigencias de confort en la oficina actual.

The sheer formal power of Arne Jacobsen Ant chair (1952) is clear almost half a century later in this variant produced by the company Fritz Hansen. The famous model 3107 has sprouted wheels or a fixed bar, has been upholstered with padding or given arms, all to adapt it to the ergonomic requirements of today's offices.

"Una silla no debería sólo parecer bonita, en tanto que pieza escultórica, en una habitación cuando no hay nadie sentado; también debería constituir un escenario favorecedor cuando hay alguien sentado en ella."

Eero Saarinen

"A chair should not only look well as a piece of sculpture in a room when no one is in it, it should also be a flattering background when someone is in it."

El arquitecto de la sinuosa terminal de la TWA en nueva York, Eero Saarinen, diseñó en 1956 la silla *Tulip* y su extensa familia. Se trataba de volver a crear una unidad tras tantos experimentos en los que estructura, asiento y respaldo se independizaban. Las sillas con forma de flor —o copa— fueron todo un icono en los 60, y Knoll International las sigue produciendo en la actualidad.

In 1956, the architect of the sinuous TWA terminal in New York, Eero Saarinen, designed the Tulip chair and its many cousins. It represented a return to the creation of a single unit, after so many experiments in which structure, seating, and support became independent of one another. The flower (or wineglass) shaped chairs became a true icon of the sixties and Knoll International continues to produce them today.

Sillas Chairs

Alvar Aalto

"Un elemento como la silla, destinada a entrar en contacto íntimo con el hombre, no debe ser construido en un material demasiado conductor del calor. Entre otras, una de las exigencias a las que las sillas tubulares no responden. El principal reproche que se les puede hacer es el de no aportar bienestar."

"An item such as a chair, destined to come into intimate contact with the body, should not be made of materials which conduct too much heat. Amongst others, this is one of the requirements which tubular chairs do not fulfil. The main criticism that can be made of them is that they do not instil wellbeing."

Aalto

Scarpa

Eames

La madera ha sido el material por excelencia para la fabricación de sillas, aunque el tubo de acero la intentó relegar durante los años 30. Aalto fue con seguridad el gran defensor de ese material "cálido y humano". Otro gran investigador que llevó al límite las posibilidades industriales de la madera fue Eames. Y, sin duda, un arquitecto que supo utilizarla de forma expresiva y elegante fue Carlo Scarpa.

Arriba: silla de Alvar Aalto, para Artek (1932); y silla *765*, en nogal, de Carlo Scarpa para Bernini. Abajo: silla *LCW*, de Charles y Ray Eames, para Herman Miller (1945), que se sirve de las experiencias que sobre madera curvada realizó Eames para el ejército y también de los modelos que presentó en el MOMA, junto con Saarinen.

Wood has been the material *par excellence* for the manufacture of chairs, although steel tubing made a bid to supplant it in the thirties. Aalto was, without doubt, the great champion of this "warm and human" material. Another leading researcher who stretched wood's industrial possibilities to the limit was Eames, whilst an architect who clearly knew how to use it expressively and elegantly was Carlo Scarpa.

Above: chair by Alvar Aalto for Artek (1932) and chair 765 in walnut by Carlo Scarpa for Bernini (....). *Below*: LCW chair by Charles and Ray Eames for Herman Miller (1945). This chair benefited from Eames' experiments in curved wood for the army and also from the models presented, together with Saarinen, in the MOMA.

Correa / Milá

Este silloncito basa su composición en un triángulo estructural entre pata-asiento-respaldo. Fue ideado por Correa y Milà en 1954 para amueblar económicamente un edificio de Coderch. Puesto en producción por Santa & Cole en 1994.

This tiny easy chair bases its composition on a leg-seat-back rest structural triangle. It was conceived by Correa and Milà in 1954 to provide economical furnishing for a Coderch building. Put into production by Santa & Cole in 1994.

Mollino

Carlo Mollino

"Vivo la construcción en su totalidad. Afortunadamente, a mi juicio, no hago distinción entre exigencia técnica y exigencia estética: ambas nacen, si Dios quiere, unidas. Lo importante es lanzarse con fe y firmeza."

"I live construction in its totality. Fortunately, in my opinion, I make no distinction between technical and aesthetic requirements. God willing, they are born united. The important thing is to push ahead with faith and determination."

Esta silla escultural (1959) de Mollino es un diseño basado en una pieza anterior, de 1946, con tan sólo tres patas, creada para su estudio de Turín. Fue puesta en producción por Zanotta en 1985 con el nombre de *Fenis*.

This sculptural chair by Mollino dates from 1959 but is based on a previous (1946) design with only three legs, created for his Turin studio. It was put into production by Zanotta in 1985 under the name Fenis.

Ponti

A la izquierda, la silla *Superleggera*. Se trata de un ejercicio de ingeniería basado en las tradicionales sillas *Chiavari* de Italia, pero forzando al máximo la resistencia estructural y matérica: apenas 1,7 kilos de fresno con sección triangular. Para garantizar su resistencia, Ponti la lanzaba desde una altura de hasta diez metros y la silla rebotaba, manteniéndose íntegra. La produce Cassina desde 1957.

Left: The Superleggera chair. A feat of engineering based on the traditional Chiavari chairs from Italy, taken to the limit of structural and material resistance. A mere 1.7 kilos of triangular ash. To demonstrate its strength, Ponti dropped it from a ten-metre height, the chair bouncing unharmed off the ground. Produced by Cassina since 1957.

Eames

La historia de un fracaso exitoso. Eames pretendía crear una silla moderna que fuese utilizable indistintamente en interiores y exteriores. Así nació el proyecto *Indoor-Outdoor*, con una estructura en aluminio que debía servir de marco para un tejido sintético; tejido, sin embargo, que se pudría en la intemperie. Tuvo que sustituirse con un acolchado para interiores, lo que dio lugar, en 1958, a la primera gran familia de sillas de oficina modernas, la *Aluminum Group*, que pervive con gran salud en la actualidad, producida por Herman Miller y Vitra.

The tale of a successful failure. Eames sought to create a modern chair which could be used either indoors or out. Thus began the Indoor-Outdoor project, whose aluminium structure should have framed a synthetic fabric which, as it turned out, rotted when exposed to the weather. It thus had to be replaced by "indoor" upholstery and, in this way, the first great range of office seating—the Aluminium Group—was created in 1958. It survives in rude health to this day, produced by Herman Miller and Vitra.

"Los detalles no son detalles, hacen el producto."

Charles Eames

"Details are not details, they make the product."

En su investigación sobre nuevos materiales, los Eames indagaron acerca de las mallas de acero soldadas, primero con forma triangular y finalmente cuadriculada. La silla *DKR* o *Wired* (1951) fue la primera propuesta en ser comercializada (a partir de 1955, por Herman Miller), con un cojín tipo bikini para hacerla más confortable. Su característico soporte se conoce como *Eiffel-Tower Base*. En la actualidad la produce Vitra.

As part of their research into new materials, the Eames investigated the possibilities of meshes of welded steel, initially triangular but finally square in shape. The DKR or Wired chair (1951) was the first design to appear on the market: in 1955 Herman Miller added a bikini cushion to make it more comfortable. The chair's characteristic support is known as the Eiffel-Tower Base. Currently produced by Vitra.

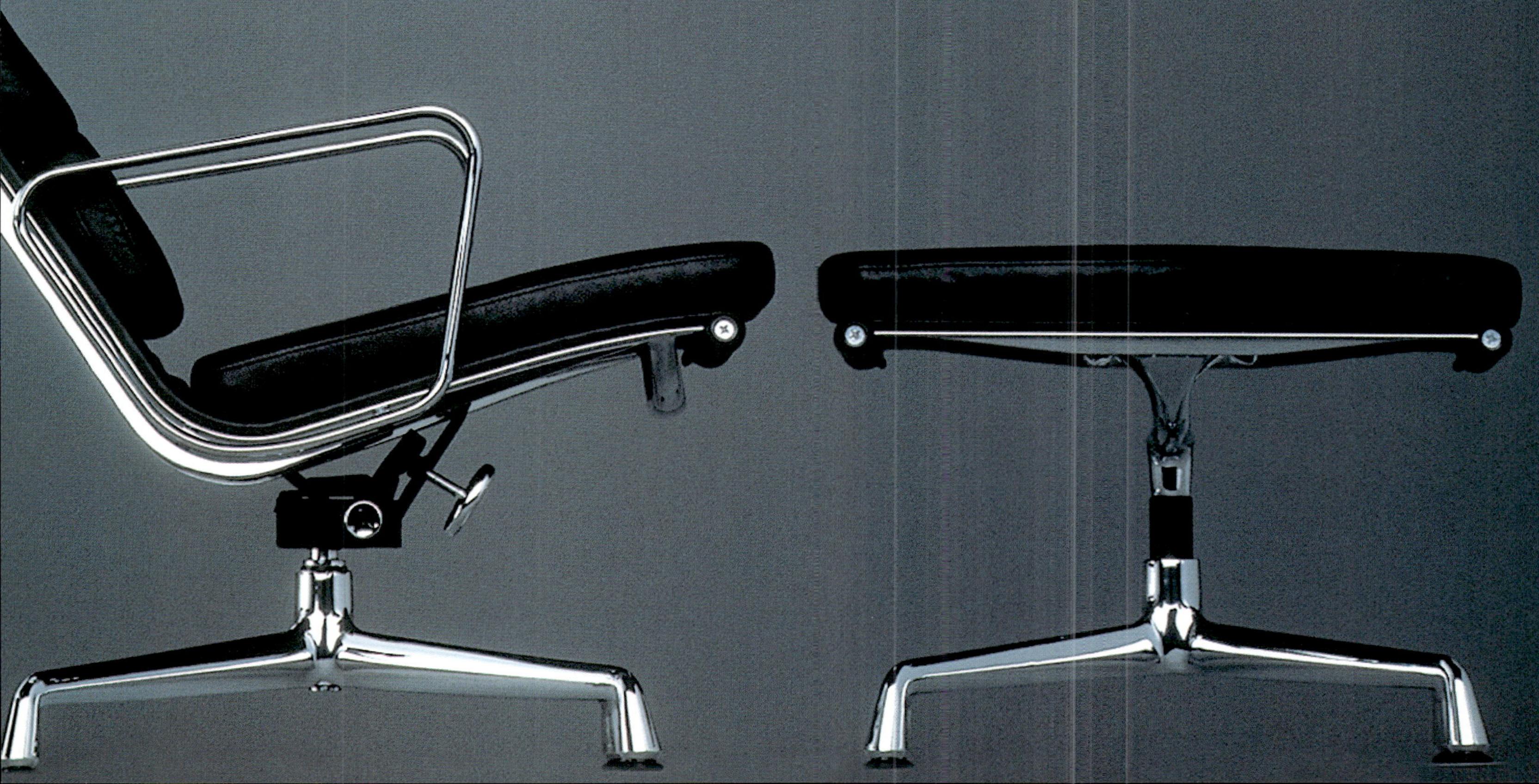

Sillas Chairs

Meier

Graves

Botta

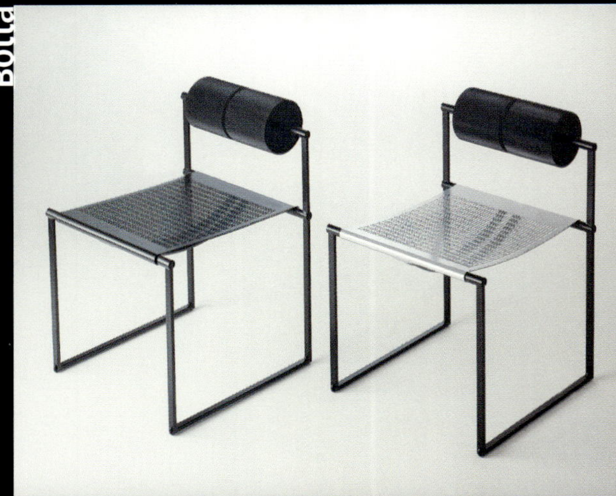

Isozaki

Miralles / Pinós

Cada arquitecto con su silla. En los años 80, con el auge mediático de los arquitectos, se instauró la costumbre de que cada autor debía diseñar su silla. Muchos completaron propuestas ajenas a su iconografía tectónica, pero la mayoría reprodujo los tics de sus creaciones en una especie de microarquitecturas. El reto continúa…

En esta página: silla *Meier,* de Richard Meier, para Knoll International (1982). Silla *MG2,* de Michael Graves, para Sawaya & Moroni (1985). Silla *Prima*, de Mario Botta, para Alias (1982). Silla *Monroe*, de Arata Isozaki, para ICF (1983). Y silla *Sentada,* de Enric Miralles y Carme Pinós, para Artespaña (1988).

En la página derecha: silla *Teatro*, de Aldo Rossi con Luca Meda, para Molteni-Unifor (1986). Silla *Marta*, de Ricardo Bofill con Marta Villalonga, para Amat (1994). Silla *Sun*, de Charles Jencks, para Sawaya & Moroni (1984). Silla de Kazuho Sejima para Driade (2000). Silla *Kaer Bog*, de Christian de Portzamparc, para Tracé Interieur. Y gandula *La Tomasa*, de Carme Pinós, para Punt Mobles (1998).

Rossi

Bofill / Vilallonga

Jencks

Sejima

Portzamparc

Pinós

Every architect needs a chair. Against a backdrop of increasing media exposure for architects in the eighties, the trend for each one to have their own chair was born. Many designs were far removed from the architect's building works, but the majority reproduced the tics of their creations in a sort of microarchitecture. The challenge continues...

On the previous page: the Meier chair by Richard Meier for Knoll International (1982). MG2 chair by Michael Graves for Sawaya & Moroni (1985). Prima chair by Mario Botta for Alias (1982). Monroe chair by Arata Isozaki for ICF (1983). Sentada chair by Enric Miralles and Carme Pinós for Artespaña (1988).

On this page: Teatro chair by Aldo Rossi with Luca Meda for Molteni-Unifor (1986). Marta chair by Ricardo Bofill with Marta Villalonga for Amat (1994). Sun chair by Charles Jencks for Sawaya & Moroni (1984). Chair by Kazuho Sejima for Driade (2000). Kaer Bog chair by Christian de Portzamparc for Tracé Interieur. La Tomasa lounger by Carme Pinós for Punt Mobles (1998).

Sillas Chairs

Tusquets

Tusquets

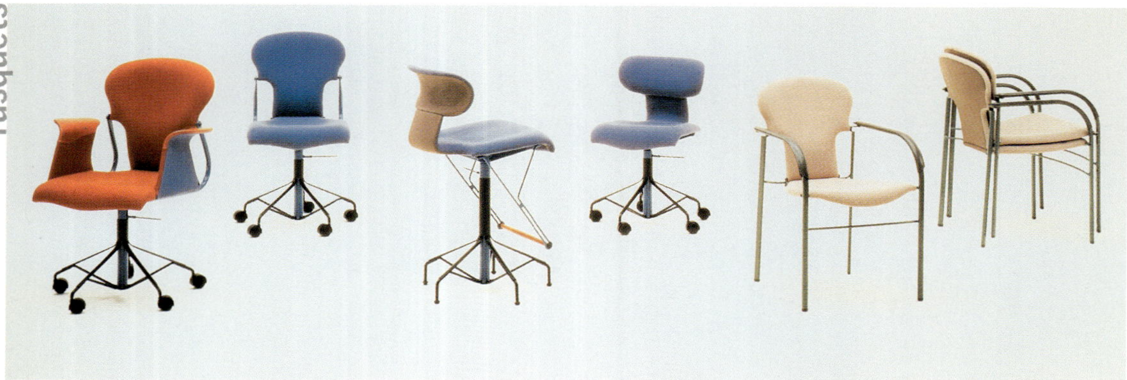

Inspirado en Gaudí y Mollino, Óscar Tusquets diseñó la silla *Gaulino* para Carlos Jané en 1987. A pesar del aspecto artesanal de la pieza, esta se resuelve con cortes automatizados sobre tablones estándar de madera.
En 1985 Tusquets se atrevió a diseñar su primera silla: la serie de asientos de oficina *Varius,* para la empresa Casas, cuyas formas remiten a un violín (*Stradi-varius*) plegado y constituyen el asiento y el respaldo.
Inspired by Gaudí and Mollino, Oscar Tusquets designed the Gaulino chair for Carlos Jané in 1987. Despite its hand-crafted appearance, it is produced by means of the automated cutting of standard wooden planks.
In 1985 Tusquets decided to design his first chairs, the Varius office seating range for the company Casas, which take their shape from a Stradivarius violin bent to form seat and back rest.

En 1984 Robert Venturi y Denise Scott Brown reciben el encargo de Knoll International de elaborar una amplia serie de mobiliario. La propuesta para las sillas ironizaba con un chapado de madera recortado, donde se podían revisitar diversos estilos: gótico, *Biedermeyer*, *Art Nouveau*, *Art Decó* o *Chippendale*, y, al mismo tiempo, decorados con diversos motivos y colores.

In 1984, Robert Venturi and Denise Scott Brown were commissioned by Knoll International to design a wide range of furniture. Their chair designs played with cut wood veneers to revisit a number of styles: Gothic, Biedermeyer, Art Nouveau, Art Decó or Chippendale which were decorated with a variety of motifs and colours.

Clotet

Lluís Clotet presentó en 1999 una colección de mobiliario en tubo y mimbre entrelazado para Driade. Se trataba de una reinterpretación de la tradición del mueble de tubo, en simbiosis con acabados artesanos.

Lluís Clotet presented in 1999 a collection of furniture made from tubing and wicker for Driade. A reinterpretation of the tradition of tube furniture in symbiosis with hand-crafted finishes.

Foster

Foster

En el año 2000 la célebre empresa Thonet, tras siglo y medio de colaboración con grandes arquitectos, presentó esta colección de asientos encargada a Norman Foster.

In the year 2000, the renowned company Thonet, with a century and a half of collaboration with architects behind it, presented this seating collection commissioned from Norman Foster.

Bellini

Zanuso

El plástico ha sido un material poco explotado por los arquitectos —a excepción de Saarinen—, que tal vez se sentían más próximos a materiales convencionales usados en la construcción. Arriba, silla *Bellini*, de Mario Bellini, producida por Heller en 1998. A la derecha, la primera silla en polietileno, la *K 4999*, diseñada por Marco Zanuso y producida por Kartell en 1964. Abajo, apurando el perfil resistente del plástico, la silla *Mavi*, de Vico Magistretti, para Kartell (1996).

Plastic is a material that has only infrequently been used by architects (with the exception of Saarinen), who perhaps felt a closer affinity with the conventional materials used in construction. *Above*: Bellini chair by Mario Bellini produced by Heller in 1998. *Right*: the K 4999, the first chair made from polyethylene. Designed by Marco Zanuso and repoduced by Kartell in 1964. *Below*: Showing off the resistant profile of plastic: the the Mavi chair by Vico Magistretti for Kartell (1996).

Magistretti

Breuer

Piano

Nouvel

Cuando Renzo Piano recibió el encargo de remodelar el área del Lingotto, en Turín, creó para B & B Italia este sistema de asientos destinado a la sala de conferencias (1992).
When Renzo Piano was commissioned to remodel the Lingotto area in Turin, he created for B&B Italia the seating system for the conference hall (1992).

Marcel Breuer fue el encargado en 1925 de amueblar el edificio de la Bauhaus en Dessau, proyectado por Gropius. Para la sala de actos diseñó este sistema de asientos en el que se exploran las posibilidades del tubo de acero. En la actualidad lo produce Tecta.
In 1925, Marcel Breuer was commissioned to furnish Bauhaus's Dessau building, which had been designed by Gropius. For the function rooms, he designed this seating system, which fully exploits the possibilities of steel tubing. Currently produced by Tecta.

A la derecha: sistema de asientos desarrollado por Jean Nouvel para equipar su edificio de la Ópera de Lyón y puesto en el mercado, desde 1993, por la empresa Figueras International Seating.
Right: Seating system developed by Jean Nouvel to equip his Opera de Lyon building and produced by Figueras International Seating since 1993.

Taburetes Stools

Aalto

Alvar Aalto investigó a fondo la curvatura de la madera, tanto en sus muebles como en muchas de sus obras arquitectónicas. Este taburete, originalmente con tres patas, alcanza una soberbia elegancia en la entrega estriada de la pata con el asiento. Producido por Artek desde 1932.

Alvar Aalto carried out extensive research into the curvature of wood both for his furniture and his architectural works. This stool, which originally had three legs, displays great elegance in the spreading of the leg where it joins the seat. Produced by Artek since 1932.

Sejima

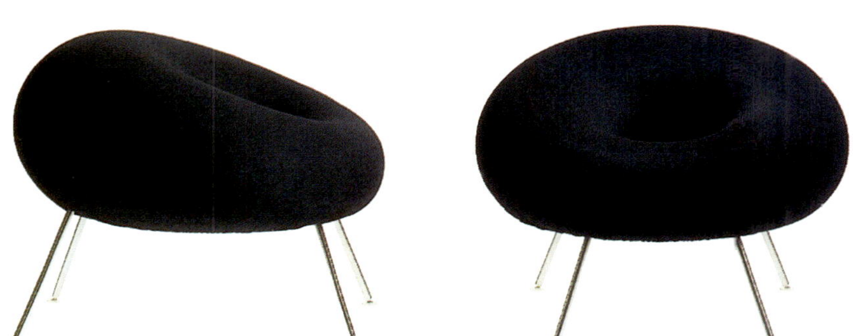

Como nubes flotando sobre delgadas patas, el asiento *Marumaru* fue diseñado por Kazuho Sejima para Driade en 2000.

Like clouds floating on slender legs: the chair was designed by Kazuho Sejima for Driade in 2000.

Castiglioni

Este fantástico "ready-made", con el asiento de un tractor, fue diseñado en 1954 por el arquitecto Achille Castiglioni, quien decidió dedicarse exclusivamente al diseño industrial, y se convirtió en uno de los maestros inventores de esta profesión. Fue puesto en producción, en 1970, por Zanotta.

This fantastic ready-made design, complete with tractor seat, was designed in 1954 by architect Achille Castiglioni, who decided to dedicate himself exclusively to industrial design, thereby becoming one of the master inventors of the profession. Manufactured by Zanotta in 1970.

Schidler

Rudolf Schindler creó una pequeña colección de mobiliario con la obsesión de la movilidad y la reducción espacial. Entre ellos este taburete plegable de 1945, una especie de réplica a la silla Zig-Zag de Rietveld. Fue producida por B.D. Ediciones de Diseño en 1983.

Rudolf Schindler created a small range of furniture, with the common obsession of mobility and the reduction of space. It included this foldable stool (1945), a kind of replica of Rietveld's ZigiZag. Produced by B.D. Ediciones de Diseño in 1983.

Al parecer, este diseño, *Sitzmachine* ("máquina para sentarse"), se inspira en un modelo tradicional de silla con respaldo ajustable producido por William Morris. No obstante, Hoffmann supo introducir el espíritu secesionista con su característico decorativismo funcional. Sorprende la introducción de la curva posterior, que no hace más que seguir la posible inclinación del respaldo encajado en las esferas. Fue diseñado en 1905 y estuvo en producción hasta 1916.

Apparently, this design -the Sitzmachine or machine for sitting– was inspired by a traditional chair with an adjustable back designed by William Morris. However Hoffmann was able to introduce into it a secessionist spirit with his characteristic functional decorativism. Surprising is the introduction of the rear curve which simply follows the possible inclination of the back rest, fitted into the surrounding spheres. Designed in 1905 and manufactured until 1916.

Rietveld

Algunos la han catalogado como una máquina de torturas, otros la consideran un icono del siglo XX. La característica principal de la *Roodblauwe* es la descomposición en partes elementales, que no se juntan, sino que se apoyan. Rietveld la concibió como un experimento formal en 1918, y no fue hasta cinco años más tarde cuando se decidió a pintarla con los colores básicos característicos del De Stijl y del neoplasticismo de Mondrian. Cassina la incorporó a su colección *I maestri* en 1972, junto con otros muebles del autor.

Some have described it as a torture machine, whilst others consider it to be twentieth-century icon. The principal characteristic of the Roodblauwe is the decomposition of the elemental parts which are not joined, but instead support each other. Rietveld conceived of it as a formal experiment, and it was only five years later that it was decided to paint in the characteristic colours of the De Stijl movement and Mondrian's Neo-Plasticism. Cassina incorporated it into their "I maestri" collection in 1972 together with other furniture designs of his.

Mackintosh

Este curioso asiento de Mackintosh se muestra radical en la geometría de la estructura tradicional del sillón hasta hacerla poco confortable. A pesar de ello, el resultado formal adquiere altas cotas de belleza, y es por esa razón uno de sus diseños más célebres, una especie de antítesis de su esbelta silla *Hill house*. Fue diseñada en 1904 para el director de la sala de té Willow, en Glasgow, y puesta en producción por Cassina en 1973.

The curious Mackintosh seat radically geometricises the traditional structure of an armchair until it becomes more than an little uncomfortable. Nonetheless, the formal result is extraordinary beautiful and is one of his most celebrated designs, a sort of antithesis to the svelte Hill House chair. Designed in 1904 for the Director of Glasgow's Willow Tea Rooms, and put into production by Cassina in 1973.

Hoffmann - Kuramata

Versión luminosa de Shiro Kuramata del famoso sillón tapizado de Hoffmann (1911) para la Casa Köhler, a su vez un rediseño del creado para el Palacio Stoclet.

Shiro Kuramata's luminous version of Hoffmann's famous 1911 upholstered armchair for the Köhler House, itself a reworking of that created for the Stoclet Palace.

Graves

El sillón *MG3* de Michael Graves adquiere la configuración clásica del butacón, donde patas, reposabrazos y respaldo componen una unidad en la que encaja el asiento. Producido por Sawaya & Moroni desde 1985.

Michael Graves' MG3 armchair takes on the classic large armchair form, in which legs, armrest and back form a whole to encase the seat. Manufactured by Sawaya & Moroni since 1985.

"Hace dos años, cuando vi la versión acabada de mi primer sillón club de acero, pensé que, de todas mis obras, sería la que me reportaría más críticas. Es mi obra más extrema, tanto por su aspecto exterior como por los materiales utilizados; es la menos artística, la más lógica, la menos ´acogedora´ y la más mecánica."

Marcel Breuer

"Two years ago, when I saw the finished version of my first steel club armchair, I thought that this out of all my work would bring me the most criticism. It is my most extreme work both in its outward appearance and in the use of materials; it is the least artistic, the most logical the least ´cosy´ and the most mechanical."

Breuer

No es exagerado afirmar que, en 1925, esta pieza cambió el rumbo del diseño de mobiliario. Nunca antes se había pensado en el tubo de acero para el mobiliario doméstico. Breuer, inspirado en el armazón de su bicicleta *Adler* y con la ayuda de un fontanero, inició el desarrollo de este sillón —claramente influenciado en el *Roodblauwe* de Rietveld—, que pretendía ser una alternativa al sillón tradicional. En él, el ocupante queda flotando en una estructura mínima, sin contacto con el metal. Sin embargo, su producción fue un fracaso comercial, tanto por parte de la propia empresa de Breuer, Standard Mobel, como por Thonet. Más tarde Dino Gavina recuperaría esta pieza, bautizándola como *Wassily*, pues el pintor Kandinsky la había elogiado con gran entusiasmo después de haberla visto en la Bauhaus. Con posterioridad la fabricó Knoll International, y hoy en día cientos de empresas hacen sus versiones de lo que ya es casi un modelo común.

It is no exaggeration to state that, in 1925, this chair changed the course of furniture design. Never before had anyone thought of steel tubing for domestic furniture. Breuer, inspired by the frame of his Adler bicycle, developed this armchair with the aid of a plumber. It is clearly influenced by Rietveld's Roodblauwe and aimed to provide a response to the traditional armchair. Its occupant floats in a minimal structure and has no contact with the metal. Nonetheless, its mass-produced version was a commercial flop, at the hands of both Breuer's own company, Standard Mobel, and Thonet. It would later be recuperated by Dino Gavina, who christened it Wassily, since Kandinsky had enthusiastically praised it after seeing it at the Bauhaus. It was later manufactured by Knoll International and, today, hundreds of companies make their own versions of what has become almost a commonplace design.

Butacas Armchairs

El "sillón-cubo" ha sido una constante en el diseño de mobiliario desde finales de siglo pasado. Los arquitectos han sido en buena medida los culpables. La elegancia geométrica atemporal de Hoffmann, a quien llamaban el "Quadratstil", en el modelo *Kubus* producido por Wittmann (1910). La descomposición de Gropius en su sillón para el director de la Bauhaus (1923) producido por Tecta. El reposabrazos mesita en el sillón *Alpha* (1929), de Neutra, producido por Prospettive. El cubo forrado de madera de Ungers de los 80, producido por Sawaya & Moroni. La astracanada de Coop Himmelblau con el sillón *Vodöl,* producido por Vitra en 1989.

The cube armchair has become a furniture design classic and dates back to the end of the nineteenth century. For this, architects are largely to blame: the timeless geometrical elegance of Hoffmann, whom they called the "Quadratstil", in the Kubus model made by Wittmann (1910). The de-composition of Gropius in his armchair for the Bauhaus director (1923) produced by Tecta. The Neutra armrest/table for the Alpha armchair (1929), produced by Prospettive. The Ungers lined wooden cube of the 1980s, produced by Sawaya & Moroni. The buffoonery of Coop Himmelblau with the Vodöl armchair, produced by Vitra in 1989.

Para el Salon d'Automne de París de 1929 Le Corbusier, Pierre Jeanneret y Charlotte Perriand presentaron una excepcional y programática colección de muebles entre los que figuraba este *Grand Confort, petit modèle*. El principio queda claro: la estructura metálica exterior recoge un mullido acolchado desmontable. En producción desde 1965 por la empresa Cassina.

For the 1929 Paris Salon d'Automne, Le Corbusier, Pierre Jeanneret and Charlotte Perriand presented an exceptional themed collection of furniture, amongst which was this Grand Confort, petit modèle. *Its principle was clear: the external structure contained a removable soft padding. Produced since 1965 by the company Cassina.*

L. Mies Van der Rohe

"Una silla es un objeto muy difícil de diseñar.
Un rascacielos es más fácil.
Por eso Chippendale es famoso."

"A chair is a very difficult object to design.
A skyscraper is easier.
That's why Chippendale is famous."

Mies

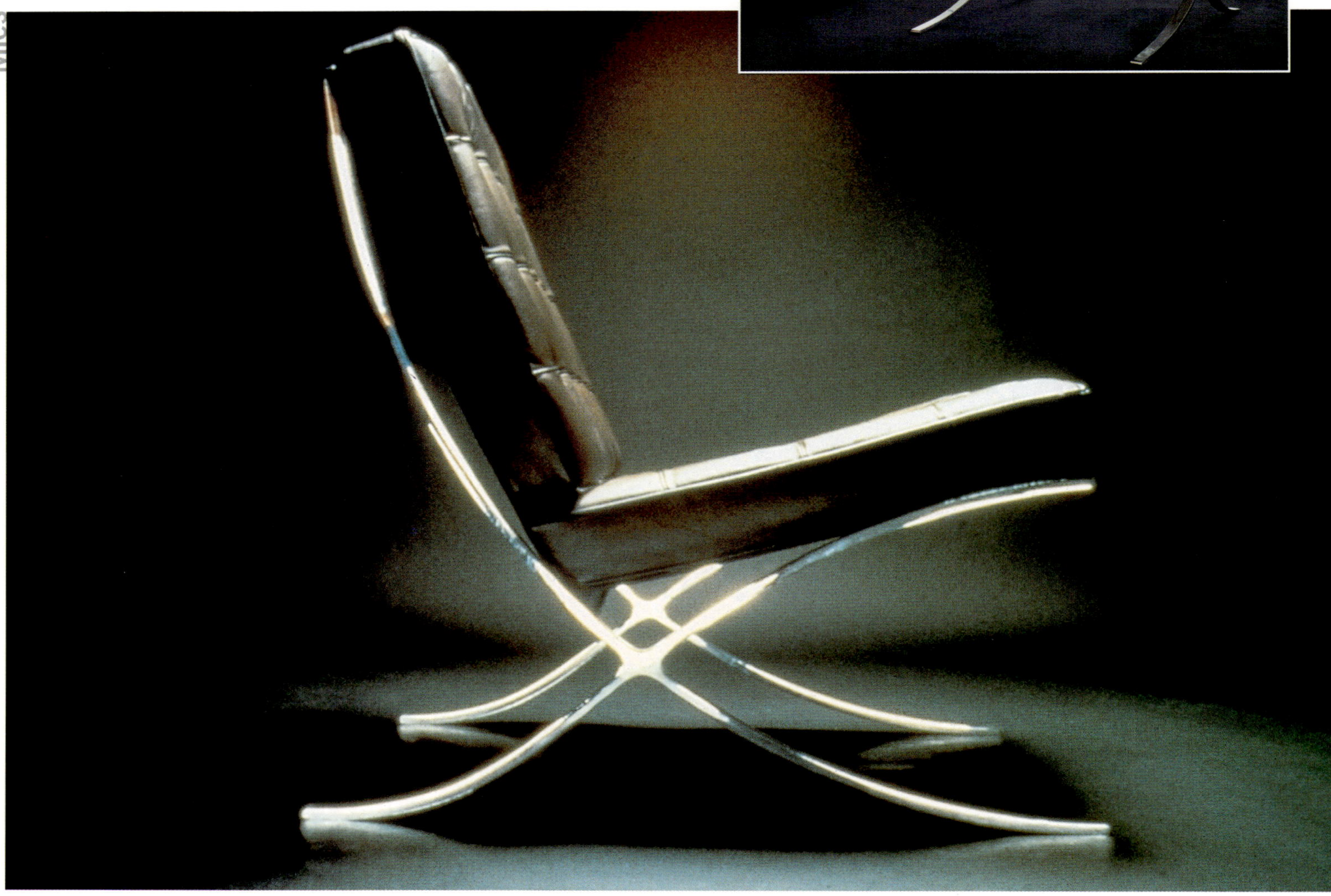

Schinkel

Al parecer las ágiles "equis" que conforman la silla Barcelona tuvieron su inspiración en las sillas de tijeras clásicas de la antigüedad, y más concretamente en un asiento de jardín de Karl Friedrich Schinkel de 1825 (foto izquierda, producido en la actualidad por Tecta), a quien tanto admiraba Mies. Se realizó como trono efímero para los reyes de España durante su visita al Pabellón Alemán de la Exposición Universal de Barcelona de 1929. Paradójicamente, y pese a su complejidad constructiva y su precio, es todo un icono del mobiliario racionalista. Existen muchas y variadas versiones; Knoll Internacional la lanzó en todo el mundo pero no obtuvo reconocimiento hasta hace relativamente pocos años. Sin embargo, según Tom Wolfe, todo joven arquitecto de finales de los 40 sacrificaba el mobiliario de su hogar por tener uno de estos asientos ("la idea platónica de silla"), aunque costase 550 dólares de la época.

Apparently, the agile "x" shapes which make up the Barcelona chair were inspired by the classical scissor chairs of times past, and more specifically by a garden chair designed in 1825 by Karl Friedrich Schinkel (*left*, currently manufactured by Tecta) who was greatly admired by Mies. It was designed as a temporary throne for the King and Queen of Spain on the occasion of their visit to the German Pavilion of the Barcelona Universal Exhibition of 1929. Paradoxically, despite its complexity and price, it is regarded as a leading example of Rationalist furniture. Although there is a wide range of versions, it was Knoll International which gave it its international launch: despite this, it received scant recognition until relatively recently. Nonetheless, according to Tom Wolfe, every young architect at the end of the forties would sacrifice all their other furniture to obtain an example of the, "Platonic idea of the chair" irrespective of the fact that it cost 550 dollars even then.

Alvar Aalto

"Lo racional, en un objeto, se limita a algunas características pero no forma parte de todas."

"What is rational in an object is limited to certain characteristics but does not form part of all of them."

Cuando Aalto estaba construyendo el Sanatorio de Paimio (1931-32), recibió el encargo de amueblarlo. En primera instancia pensó en utilizar muebles de tubo de Breuer, pero enseguida decidió hacer él mismo una réplica, inventar una nueva familia en madera, material más humano. Tras una compleja investigación formal y técnica logró moldear la madera a su antojo. El grosor de la lámina continua asiento-respaldo disminuye en los extremos para poder ser curvada y aumenta en las zonas resistentes, aunque resulte prácticamente imperceptible.

Insatisfechos con el nivel de calidad conseguido, Aalto y su mujer decidieron crear la empresa Artek (arte y técnica), para producir este modelo *41* y otros diseños que irán configurando el denominado mobiliario de estilo nórdico, que sigue gozando de gran prestigio.

When Aalto was building the Paimio Sanatorium (1931-32) and was charged with furnishing it, he first thought of using Breuer's tubular furniture, but soon decided to replicate it, producing a range made of wood, a more "human" material. After sophisticated formal and technical research, he was literally able to bend wood to his will. The seat/backrest laminate is thinner at the edges, to allow for curving, and thicker in other areas to provide more support, although these variations are practically imperceptible.

Unsatisfied with the quality of the finished product, Aalto and his wife decided to create a company which they named Artek (art and technique) to produce this chair (model 41) and other designs which would shape the so-called Nordic style of furniture, which continues to enjoy great prestige today.

Butacas Armchairs

Albini

Albini

Saarinen

Mollino

Mollino

Jacobsen

Tras la silla, el sillón ha sido otro campo de batalla del arquitecto inquieto. Especialmente los organicistas, pues con este tipo de asiento podían dar mejor respuesta a las necesidades de confort, ya que excede la estricta función de sentarse.
Franco Albini, en una demostración de neoartesando con ratán y caña. También de Albini, el sillón *Fiorenza* (1952), que fuerza la "equis" estructural con un claro estilo "neo-liberty". Una innovación de Eero Saarinen: uno de los primeros sillones con carcasa de poliéster reforzada con fibra de vidrio, el confortable *Womb* (útero), producido por Knoll International.
Dos modelos de Carlo Mollino, con respaldo móvil o fijo y características formas óseas: el primero, para la Casa Soleil (1955); el segundo, para la Casa Minola (1946), ambos producidos por Zanotta. Y el famoso *Cisne*, de Jacobsen, una especie de versión inflada de su famosa *Ant*, pensada para el Hotel Royal y producida por Fritz Hansen desde 1958.

After the chair, the armchair has been another battlefield for restless architects, especially the Organicists, who could provide more comfortable solutions with this type of seating, going beyond a response to the strict need for somewhere to sit.
A Franco Albini, a veritable demonstration of Neo-Craft virtuosity in rattan and cane. Another Albini design, the Fiorenza armchair, (1952) taking the "X" structure to the limits in a clear "neo Liberty" style. The comfortable Womb, produced by Knoll International, an Eero Saarinen innovation and one of the first armchairs to use a fibreglass-reinforced polyester shell.
Two models by Carlo Mollino, with a moveable or fixed back and characteristically osseous forms: the first was for the casa Soleil (1955), and the second for the casa Minola (1946). Both produced by Zanotta. Jacobsen's famous Swan, a sort of inflated version of his Ant. Designed for the Hotel Royal and produced by Fritz Hansen since 1958.

El modelo *41*, de Aalto, fue sin duda un hito estético del siglo XX, pero hay que admitir que el asiento de madera resbalaba un poco. En este modelo *400*, de 1936, Aalto logró modificar el sistema "cantelliver" en madera y dotarlo de la comodidad suficiente. Producido por Artek.

Aalto's Model 41 was undoubtedly a historical milestone of the twentieth century, but it has to be admitted that the wooden armchair was a somewhat slippery beast. With this, the Model 400 (1936), Aalto managed to achieve a combination of a wood cantilevered support and sufficient practical comfort. Produced by Artek.

Otros asientos Other seating

Magistretti

Una manta echada sobre un asiento, así puede ser descrito el modelo *Sinbad*, de Vico Magistretti para Cassina (1981).
A blanket thrown over a chair: that's one way of defining Vico Magistretti's Sinbad for Cassina (1981).

Mollino

Para uno de su primeros trabajos, el interiorismo de la Casa Devalle en Turín (1939), Carlo Mollino diseñó este pomposo sofá para ser colocado a los pies de la cama principal. Reeditado por la Galería Colombari en 1993.
Salvador Dalí, con ayuda de Tusquets, crearía uno de características similares en 1970, con forma de labios para la volumetrización del cuadro *Mae West*, en su Museo-Teatro de Figueres.

As part of one of his first assignments, the interior of the casa Devalle in Turin (1939), Carlo Mollino designed this pompous sofa, to be placed at the foot of the master bed. Reproduced by Galeria Colombari in 1993.
Salvador Dali, with the help of Tusquets, would make a similar sofa in 1970 in the shape of a woman's lips, to add volume to his Mae West painting at his Museum/Theatre in Figueres.

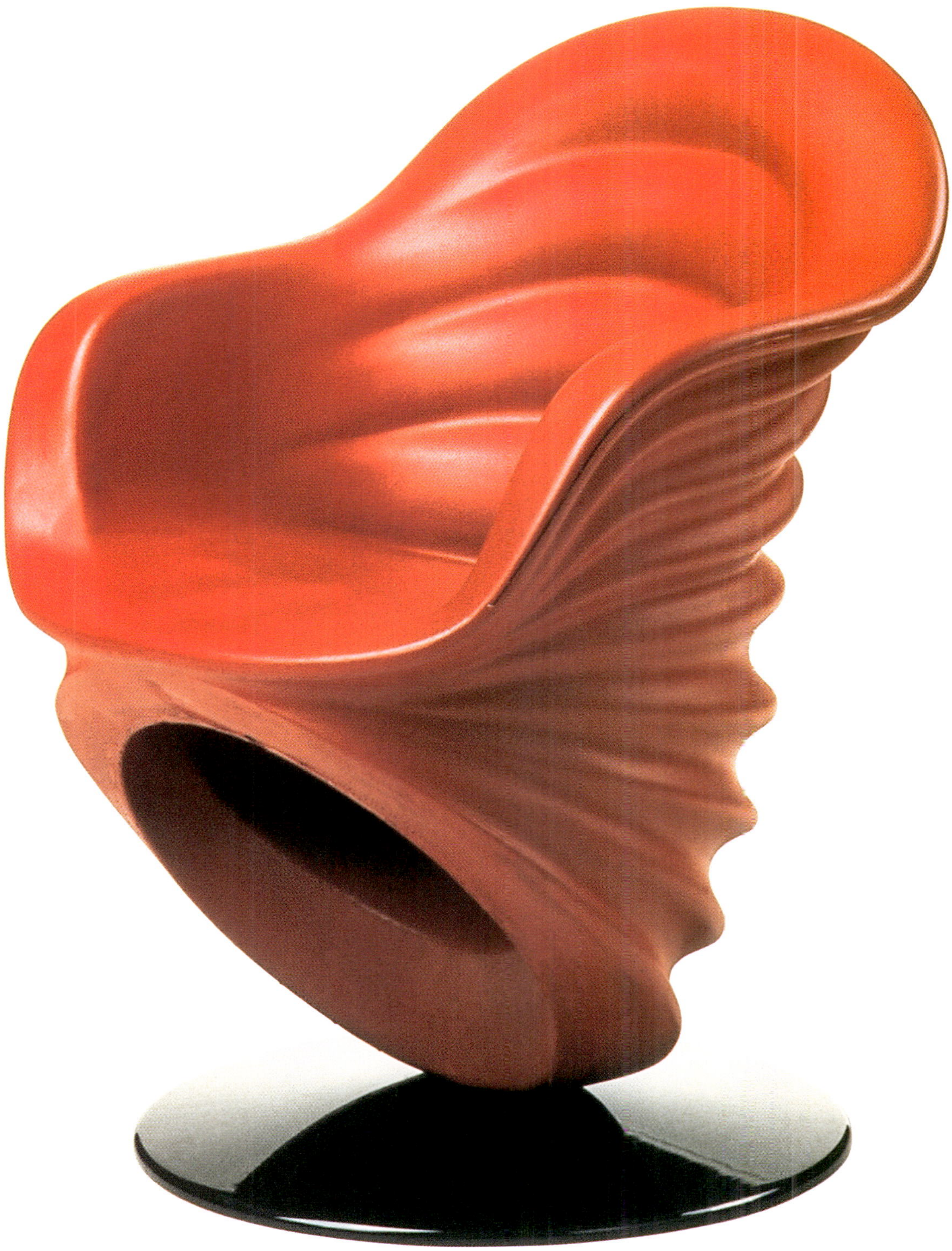

En 1970 Mario Bellini diseñó este sorprendente asiento para oficina llamado *Teneride*. Debía ponerlo en producción Cassina, pero finalmente no llegó al mercado. En 1997 fue una de las piezas seleccionadas para la exposición *The Power of Erotic Design*, que tuvo lugar en el Design Museum de Londres.

In 1970, Mario Bellini designed this unusual office seat called Teneride. It was to be produced by Cassina, but in the end never found its way on to the market.
In 1997, it was one of the works selected for The Power of Erotic Design exhibition at London's Design Museum.

Otros asientos Other seating

Ponti

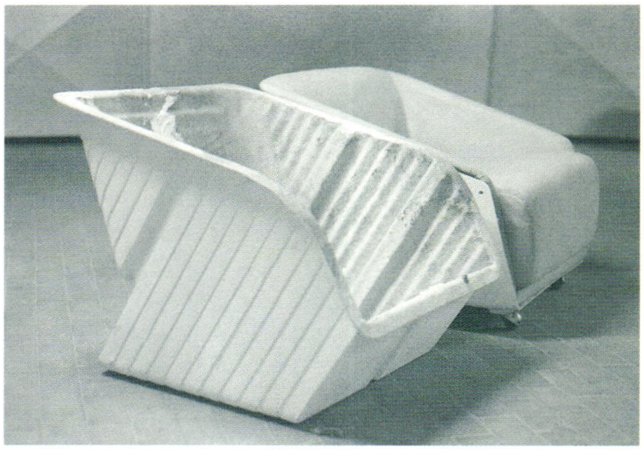

Gio Ponti afirmaba "la necesidad de ser moderno a toda costa", por eso acometió con entusiasmo el diseño de este asiento, en el que quiso evidenciar exteriormente el proceso constructivo de moldeado. Corría 1968 y Ponti tenía 72 años cuando diseñó el sillón *Novedra* para B & B Italia.

Gio Ponti proclaimed "the need to be modern at all costs", and therefore tackled with enthusiasm this armchair, whose moulding process he wished to leave plain for all to see. He was a mere 72 when, in 1968, he designed the Novedra armchair for B&B Italia.

Krier

Leon Krier

"No construyo, puesto que soy un arquitecto".

"I do not build, because I am an Architect."

De clara inspiración historicista, este "asiento-voluta" fue diseñado en 1994 por Leon Krier —autor más prolífico en mobiliario que en edificios— para la empresa Giorgetti.

Of clearly historicist inspiration, this scroll chair was designed in 1994 by Leon Krier (who is responsible for more furniture than buildings) for the company Giorgetti.

Mas allá de las atrevidas fotos promocionales realizadas por el polémico Oliviero Toscani, los sofás *Le Bambole* (las muñecas) constituyen una auténtica revolución en el diseño industrial de mobiliario.
Mario Bellini, junto con el grupo de investigación de B & B Italia, el gran coloso de los tapizados, desarrolló en 1970 un nuevo concepto de estructura blanda en toda su composición, con una estructura rigidizadora embebida, y contenida, a su vez, en una "bolsa" de tapizado. Todo un éxito comercial, y una nueva puerta abierta en el sector.

Looking beyond, if we can, the "saucy" promo photos taken by the controversial Oliviero Toscani, the Le Bambole *(the dolls) sofas represented a true revolution in the industrial design of furniture.*
In 1970, Mario Bellini, together with the researchers of that colossus of upholstery, B&B Italia, developed a new type of completely soft structure, with an embedded rigid frame, contained in a "sack" of upholstery. A runaway commercial success which also opened up new horizons for the industry.

Butacas Armchairs

Utzon

Utzon

En 1967 después de haber renunciado a la dirección de obra de la Ópera de Sydney, el danés Utzon realizó una serie de mobiliario para la empresa de su país Fritz Hansen. Entre las piezas diseñadas, estos sillones, que ya no están en producción.

Having resigned from directing the works on the Sydney Opera House in 1967, the Danish architect Utzon designed a range of furniture for his fellow Danes at Fritz Hansen, which included these armchairs, which are no longer in production.

Smithson

Alison y Peter Smithson se ocuparon en diversas ocasiones de la creación de mobiliario alternativo. En colaboración con la empresa alemana Tecta desarrollaron una serie de asientos y de mesas. Este sillón bajo se compone de una estructura plegada de madera recortada, sobre ruedas, que recoge un tapizado desenfundable.

Alison and Peter Smithson have designed alternative furniture on a number of occasions. In collaboration with the German company Tecta they produced a range of seating and tables. This low armchair is composed of a folded structure of cut wood, on wheels, which envelops its removable upholstery.

Siza

Alvaro Siza

"El diseño de un mueble no puede ser definitivo. No tiene referencias fijas ni escala, ni ambiente, ni necesidad. El cuerpo se transforma tan lentamente que todavía cabe usar hoy una silla egipcia. Si despojamos a los objetos de su ropaje queda sólo la historia de media docena de formas. La imaginación vuela entre tales formas a baja altura, siempre que no sea la de un aprendiz impaciente."

"The design of a piece of furniture can not be definitive. It has no fixed reference points, no fixed scale, nor ambience, nor need. The body changes so slowly that it is still possible to use an ancient Egyptian chair. If we strip objects of their clothing only the history of half a dozen shapes is left. The imagination flies amongst these forms at a low altitude, unless is it that of an impatient novice."

Más que en su obra arquitectónica, los diseños de Siza —abundantes, aunque pocos de ellos en producción— alcanzan grados extremos de simplicidad formal y constructiva. Sillón *Siza*, para la empresa portuguesa Altamira (1998).

More than in his architectural work, Siza's designs –of which there is an elegant abundance, although few are in production– attain extraordinary levels of formal and constructive simplicity. *Siza* armchair for the Portuguese company Altamira (1998).

Terragni

Botta

Arriba, el sillón Monza fue diseñado por Terragni en 1930 para la Bienal de Monza "L'arredamento nella Storia Moderna" y rediseñado por Moneo para B.D. Ediciones de Diseño en 1976.
Derecha: el Botta diseñador se ha dejado a veces llevar por un formalismo mimético respecto a su obra, que llega a propuestas donde prima el virtuosismo constructivo. El trono *Quarta*, producido por Alias desde 1984.

The Monza armchair was designed by Terragni in 1930 for the "L'arredamento nella Storia Moderna" Biennial in Monza, and re-designed by Moneo for B.D. Ediciones de Diseño in 1976.
El Botta is a designer who has at times allowed himself to be carried away by a mimetic formalism, producing designs where virtuosity of construction is everything. The Quarta throne, produced by Alias since 1984.

"Un mueble no se compone sobre una mesa de dibujo. Considero indispensable irlo desbrozando desde que se ha pensado, probarlo, corregirlo, hacerlo funcionar, y si es válido, precisar, sólo entonces todos los detalles con dibujos muy estrictos."

Jean Prouvé

"Furniture can not be drawn up on a draughtsman's table. I think it is absolutely necessary to clarify the idea from the moment it is thought of by trying it out, correcting it, making it work. If the idea is valid, and only then, do you specify all the details with very strict drawings."

Prouvé

Jean Prouvé utilizaba el mismo concepto de ingeniería, tanto en la arquitectura como en el diseño de mobiliario. Todo era una composición de partes prefabricadas que debían funcionar como una maquinaria. Esta tumbona es una versión de su modelo *Grand Repós* (1928), producida desde 1981 por Tecta, y en la que asiento y respaldo se movían conjuntamente para buscar la posición más agradable.

Jean Prouvé used the same engineering concepts in both his architecture and the design of his furniture, involving a composition of prefabricated parts which should work like a machine. This easy chair is a version of his Grand Repós model of 1928, produced since 1981 by Tecta, in which seat and back move together to find the most comfortable position.

Eames

Asociada al estatus de lujo, la tumbona *LCW* fue creada por Charles y Ray Eames en 1956, y producida por Herman Miller y en la actualidad también por Vitra. A pesar de su aparente complejidad, este artilugio se descompone de forma racional en una serie de conchas de madera —ya ensayadas por Eames en los 40— que se rellenan con cojines, de forma que las partes quedan articuladas formando un caparazón mórbido en su interior.

A symbol of luxury, the LCW *easy chair was created by Charles and Ray Eames in 1956 and produced by Herman Miller (and currently by Vitra). Despite its apparent complexity, this contraption breaks down rationally into a series of wooden shells, already tested by Eames in the forties, which are filled with cushions and articulated to form a soft inner carapace.*

Sofás Sofas

Hollein

A principios de los 80 Hollein encontró su momento feliz con la posmodernidad refinada europea —no la historicista americana— y comenzó a diseñar recargadas propuestas, como este sofá *Marilyn*, de 1981, para la empresa Poltronova.

In the early eighties, Hollein found a happy moment of coincidence with the refined European Post-Modernism (not the Historicist American version) and began to design highly elaborate items such as this Marilyn sofa (1981) for the company Poltronova.

Mendini

Poltrona *Proust*. Se trata de la copia de un sillón rococó francés pintado a mano con la reproducción de un fragmento de un cuadro puntillista de Paul Signac. Un homenaje a Marcel Proust y su noción de tiempo y memoria. La principal característica de este "manifiesto" es la no distinción entre estructura y tapizado a la hora de aplicar el motivo decorativo que invade de forma infinita el objeto. Alessandro Mendini hizo el primer ejemplar en 1978 y después siguieron otras series cortas con diversas variaciones.

Arriba, diversos rediseños de Mendini en los 70 sobre clásicos del mobiliario.

The Proust armchair. A copy of a French Rococo armchair, hand-painted with part of a Pointillist painting by Paul Signac. A tribute to Marcel Proust and his notions of time and memory. The principal characteristic of this "manifesto" is the refusal to distinguish between structure and upholstery when applying the decorative motif, which covers its entire surface. Alessandro Mendini designed the first example in 1978, which was followed by other short-run models featuring a number of variations. *Above*: A number of 1970s Mendini reinterpretations of furniture classics.

"Hace unos años pensaba que, frente al inmovilismo de los promotores de Arquitectura, el Diseño nos daba la posibilidad de contactar directamente con el público, de intuir sus deseos ocultos, de arriesgarnos más. Ahora, con casi todas las productoras de prestigio entregadas al marketing y a la comercialidad inmediata, ya no estoy tan seguro."

Oscar Tusquets

"Some years ago I thought that, in contrast to the immobility of the promoters of Architecture, Design provided the possibility of connecting directly with the public, of intuiting their hidden desires, of taking more risks. Now, with nearly all the prestigious producers given over to marketing and quick sales, I am not so sure."

Tusquets suele decir que detectar el problema es parte de la solución. A menudo nos sentamos en el suelo apoyados en el sofá. ¿Por qué no hacer un sofá que, de forma orgánica, acabe convirtiéndose en una confortable alfombra para ver la tele o charlar? Alí Babá es producido desde 1990 por Casas.

One of Tusquets' sayings is that detecting the problem is part of the solution. We often find ourselves sitting on the floor leaning against the sofa, so why not make one which flows organically down to form a comfortable rug on which we can watch television or chat? Así Babá sofa is produced since 1990 by Casas.

Gehry

En los años 70 Gehry comenzó con los *Easy Edges* su investigación acerca del diseño de mobiliario económico. El origen de la misma proviene del aprovechamiento del cartón que utilizaba para sus maquetas (foto superior); incluso creó una empresa, cuyo éxito le colapsó, recapacitó y decidió que lo suyo era la arquitectura y no la venta de muebles. En 1987 Vitra puso en producción algunos de sus diseños, como la *Little Beaver* (foto inferior).

Ya en plena fama mundial, en 1989 Gehry volvió a experimentar a sus anchas, esta vez por encargo de Knoll International. Se trataba de realizar una familia entera de mobiliario. Para ello Gehry usó cintas de madera chapada moldeada, para reinventar un sistema de pieles entrelazadas que ofreciesen resistencia y flexibilidad a la vez. Completó 120 prototipos, de los que nueve se mantienen en producción desde 1992 a cargo de Knoll Studio (foto página derecha).

In the seventies, Gehry began, with his Easy Edges, his research into economical furniture design. This led him to employ the cardboard he used for his models (*above*). He even created a company, but became so overwhelmed by its success that he decided that his calling was architecture and not selling furniture. In 1987, Vitra began producing some of his designs, such as the Little Beaver (*below*).

In 1989, now world famous, he was free to design furniture as he liked, this time on commission from Knoll International. For this entire family of furniture, Gehry used ribbons of veneered wood to reinvent a system of interwoven skins, which provided both strength and flexibility. He made 120 prototypes, of which nine have been produced by Knoll Studio since 1992 (*opposite*).

Frank Gehry

"Mi experiencia como arquitecto seleccionando mobiliario para un cliente ha sido muy decepcionante. Miras lo que hay en el mercado y siempre encuentras lo mismo: la silla de Mies. Es especialmente difícil para proyectos de bajo presupuesto. Siempre acabo por diseñar el mobiliario."

"My experience as an architect selecting furniture for a client has been very disappointing. You go into the market and always find the same thing: a Mies chair. It's especially difficult for low-budget projects. I would always wind up designing furniture."

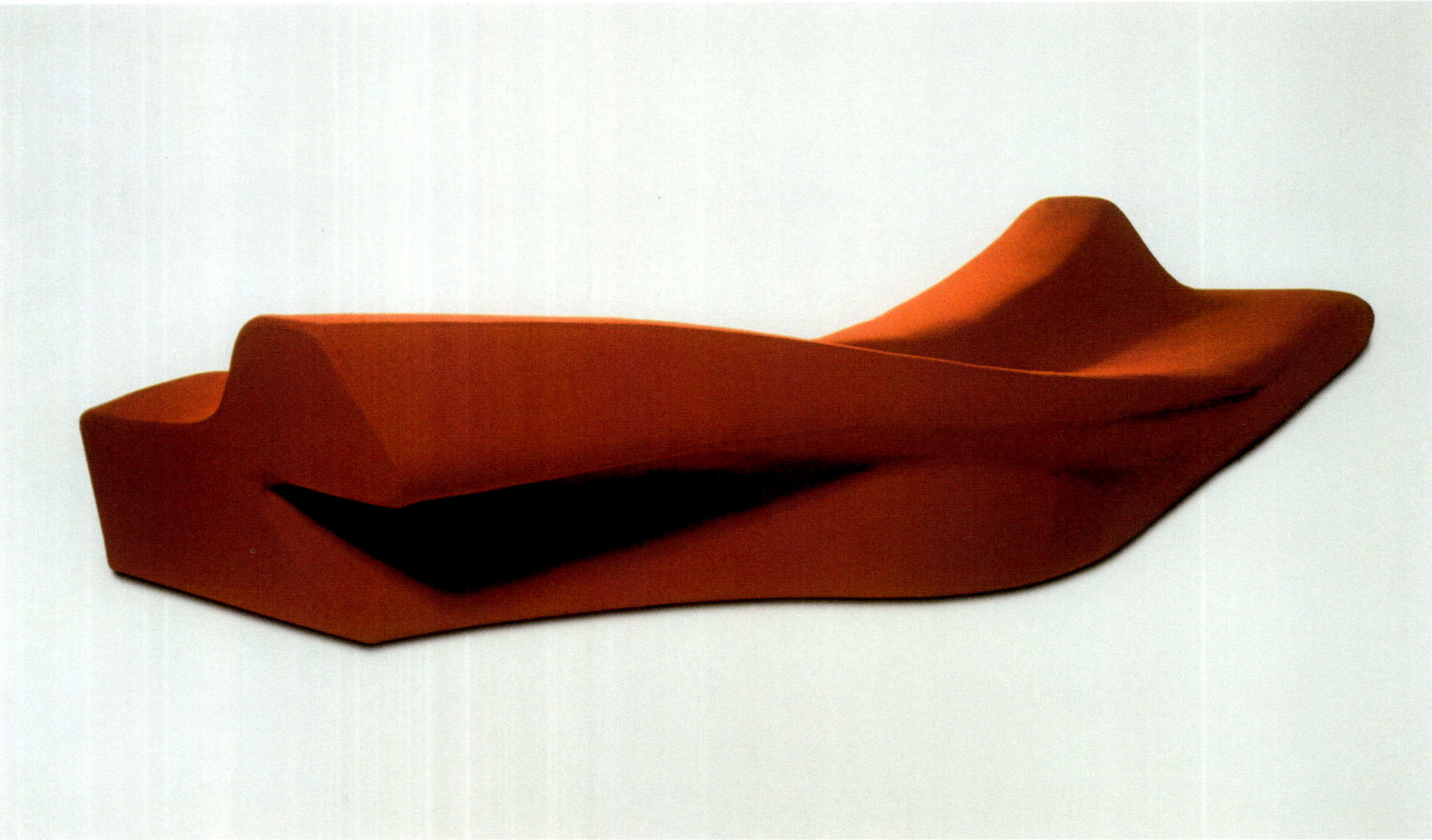

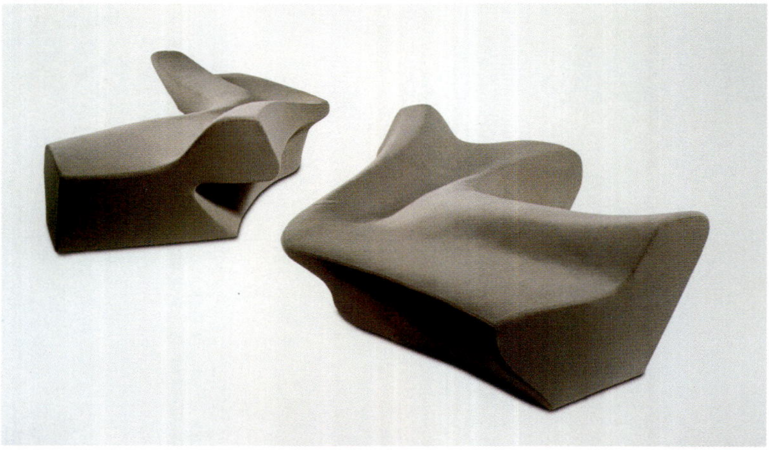

Inspirada en la dinámica de la creación del paisaje terrestre (magma, sedimentación, estratos...), Zaha Hadid diseñó este conglomerado de amueblamiento (dos mesas y dos sofás), que se recomponen en un prisma de 5 x 2,5 metros. El proyecto *Z-Scape* fue presentado en 2000 por Sawaya & Moroni, e inmediatamente diversos museos se interesaron por adquirirlo.

Inspired by the dynamics of the creation of the Earth's landscape (magma, sedimentation, strata, etc.) Zaha Hadid designed this furniture conglomerate (two tables and two sofas) which are recomposed in a prism of 5 x 2.5 metres. The Z-Scape was presented in 2000 by Sawaya & Moroni, with a number of museums showing immediate interest in acquiring it.

Nouvel

"Este sillón —cuenta Jean Nouvel— es una especie de perversión de la silla *Barcelona*. Es como si Mies intentara convertirse en acogedor o amable." Efectivamente, la pieza dispone de una estructura de pletina en "equis", pero es esta misma la que se deja entrelazar con las tiras de cuero que, desnudas de acolchado, se ofrecen directamente al usuario. Producido desde 1994 por Sawaya & Moroni.

"This chair", states Jean Nouvel, "is a kind of perversion of the Barcelona *chair. It is as if Mies tried to make it welcoming or friendly." To be sure, we have an "X"–shaped sheet metal structure, but it is this structure which is laced with the leather strips which, bare of any padding, come into direct contact with the user. Produced since 1994 by Sawaya & Moroni.*

Jean Nouvel

"¿Qué puede haber hoy en día más difícil que diseñar una mesa o una silla? De hecho. los grandes arquetipos de este siglo siguen vinculados a las creaciones de los años veinte y treinta, especialmente a las de los arquitectos del Movimiento Moderno."

"What can be more difficult today than designing a table or a chair? In fact, the great figures of this century still have their links with the creations of the twenties and thirties, especially those of the architects of the Modern Movement."

Chaises-longues Lounge seating

Mies

Mies

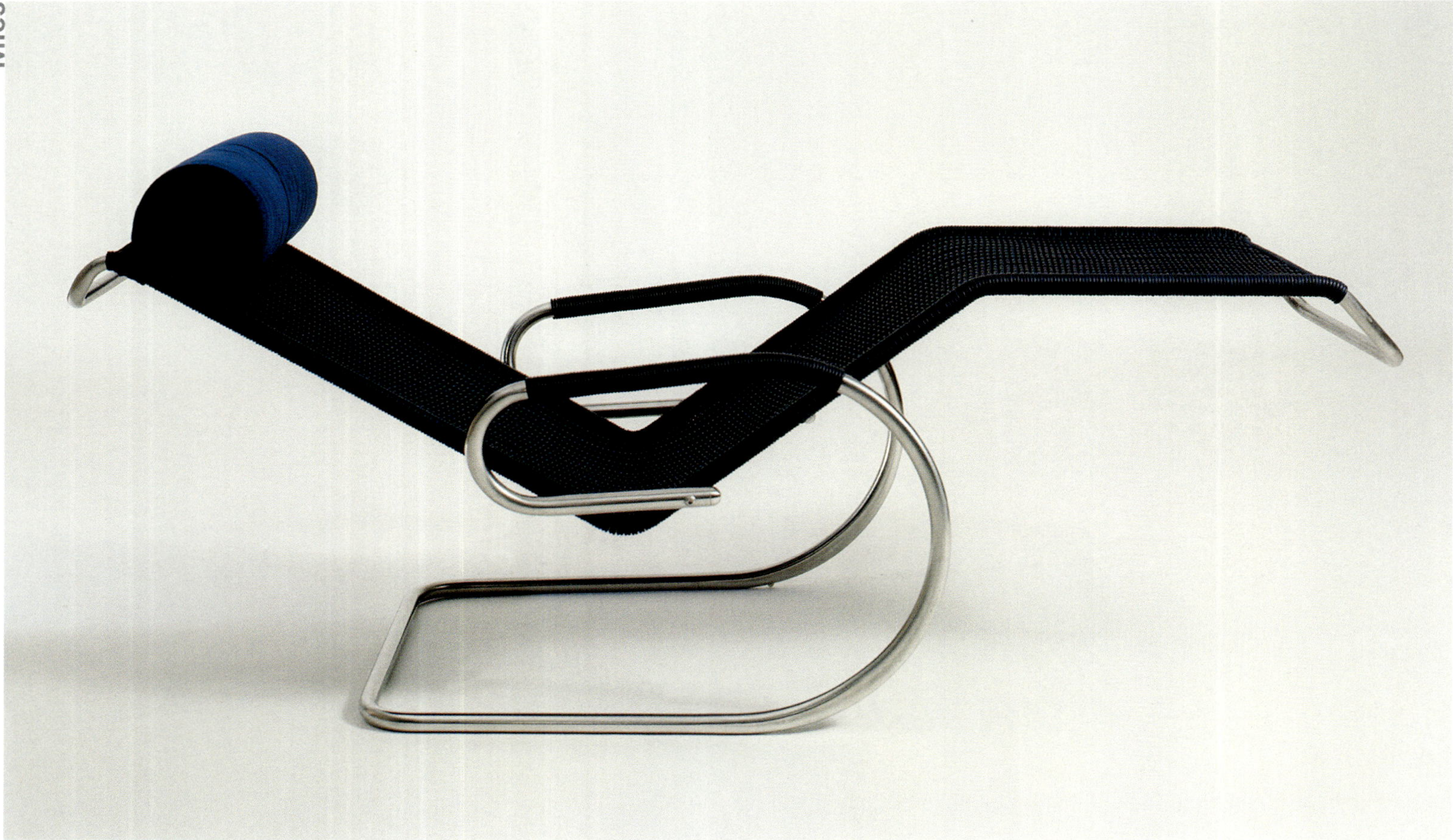

La tumbona o "chaise longue" constituye otra tipología de exhibición arquitectónica. Marcel Breuer creó y patentó prototipos en metal con ruedas de bicicleta y también en madera laminada, pero sin duda fue Mies quien de nuevo logró la mayor estilización.
Arriba: en coherencia con su colección de sillas, Mies diseñó en 1931 un modelo de tumbona corta, totalmente basculante, y otro en el que es posible apoyar los pies y bascular sobre el respaldo. Fabricados por Knoll International.
Abajo: versión de la tumbona de Mies fabricada por Tecta, en la que los pies quedan suspendidos en altura.

The easy chair or chaise longue provides more opportunities for architectural exhibition. Marcel Breuer created and patented prototypes in metal with bicycle wheels and also in laminated wood. Nonetheless, it was once again Mies who achieved the greatest levels of stylisation.
Above: Consistent with his collection of chairs, in 1931 Mies designed a short, completely cantilevered easy chair, and another with support for the feet which was cantilevered on the back rest. Manufactured by Knoll International.
Below: A version of the Mies easy chair made by Tecta, with which one's feet are suspended in the air.

"Aquí tenemos la máquina, por fin. La construimos con estructura de tubos de bicicleta y la cubrimos con una magnífica piel de potro: es tan ligera que se puede empujar con un pie. Hasta un niño puede moverla. Yo pensé en el *cow-boy* del salvaje oeste, fumando su pipa, sus pies en el aire más altos que su cabeza y al lado de la chimenea."

"Here is the machine, at last. We built it with a bicycle-frame structure and we covered it with a magnificent hide. It is so light that you can move it with your foot. Even a child can move it. I was thinking of the cowboy in the Wild West, smoking his pipe next to the chimney, with his feet up higher than his head."

La máquina de mayor relax, según las siete formas de sentarse clasificadas por Le Corbusier. La famosa tumbona creada en 1928 se descompone en dos partes totalmente distintas: la base y el asiento, que gira sobre dos arcos cromados. Todo un símbolo de vivienda de arquitecto esnob. Después de que Peugeot se negara a producirla en su tiempo, la comercializa Cassina desde 1965.

The machine which provides the greatest degree of relaxation, according to the seven ways of sitting classified by Le Corbusier. This famous easy chair was designed in 1928 and can be broken down into two completely different parts: the base, and the seat, which can be angled on two chromed arcs. A classic symbol of architect-designed lifestyle one-upmanship. Following Peugeot's refusal to produce it at the time, it has been commercialised by Cassina since 1965.

Samsó

Inspirada en el mundo taurino, la "chaise longue" *Bregado* incorpora un apoyo de malla en su extremo. Creada por el arquitecto español Eduard Samsó en 1987 para la empresa Tágono.

Inspired by the world of bullfighting, the Bregado chaise longue features a mesh armrest/support at one end. Designed by the Spanish architect Eduard Samsó in 1987 for the company Tágono.

Hollein

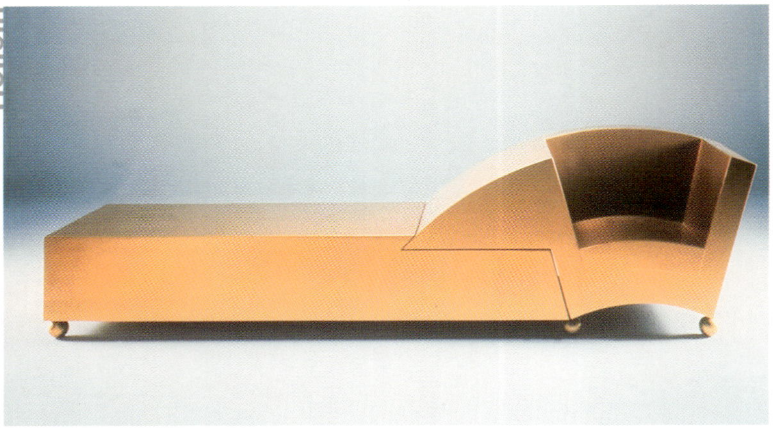

En 1969 Hans Hollein recibió el encargo de reformar el Sigmund Freud Museum en Viena. El proyecto finalmente no se llevó a cabo, pero de ahí surgió la idea de esta tumbona, pensada para el psicoanalista y el psicoanalizado.

Analyse this. In 1969, Hans Hollein was commissioned to renovate the Sigmund Freud Museum in Vienna. Although, in the end, the project never took place, it inspired this chaise longue, designed to accommodate both analyst and analysed.

Moneo

Durante su estancia como Director de la Escuela de Arquitectura en Harvard, Rafael Moneo diseñó en 1988, para la empresa Artespaña, esta "chaise longue", que se inscribe en la colección *Azimut* y que se conforma con tres diferentes curvaturas en madera —asiento, respaldo y apoyo—, que acogen un tapizado en cuero negro.

In 1988, during his time as Chairman at Harvard, Rafael Moneo designed, as part of the Spanish company Artespaña's Azimut collection, this chaise longue, which is made up of three different curved wood components (seat, back and armrest/support) which frame its black leather upholstery.

Eames

Billy Wilder, el director de cine vienés afincado en Estados Unidos, comentó a su amigo Charles Eames la conveniencia de poder echar una siesta durante los agotadores rodajes. El arquitecto construyó un prototipo de tumbona y se lo mandó a la oficina. Un periodista del *Time* le preguntó a Wilder su parecer y este contestó: "Es absolutamente fantástica..., si tienes una novia esculpida por Giacometti", en referencia a su exagerada estrechez. La comenzó a fabricar Herman Miller en 1968 y en la actualidad la produce también Vitra.

Billy Wilder, the US-based Viennese film director, once commented to his friend Charles Eames how good it would be to be able to grab forty winks during his exhausting film shoots. The architect built this prototype easy chair and sent it to Wilder's office. When asked by a *Time* journalist for his impressions, the director quipped: "It's absolutely fantastic... if you have a girlfriend carved by Giacometti", in reference to its exaggerated slimness. It was first manufactured by Herman Miller in 1968 and is now also produced by Vitra.

Niemeyer

Con casi 80 años, en 1985, Oscar Niemeyer diseñó este híbrido entre tumbona y balancín para la empresa Fasem.

In, 1985, at the age of almost 80, Oscar Niemeyer designed this hybrid easy/rocking chair for the company Fasem.

Charles Eames

"Al utilizar formas que reflejan la naturaleza positiva de la técnica del estampado en combinación con un tratamiento de las superficies que reduce la transferencia de calor, amortigua el sonido y es agradable al tacto, sentimos que es posible liberar al mobiliario de metal de los prejuicios de los que ha sido víctima."

"By using forms that reflect the positive nature of the stamping technique in combination with a surface treatment that cuts down heat transfer, dampens sound, and is pleasant to the touch, we feel that it is possible to free metal furniture from the negative bias from which it has suffered."

Chaises-longues Lounge seating

Coates

Entre el estrambótico mobiliario de Nigel Coates —de Brandson & Coates— destaca este asiento de 1997, con dos posiciones, que parece inspirado en la pasta de dientes. *Legover* está producido por Partner & Co.

From amongst the outrageous furniture designed by Nigel Coates of Brandson & Coates, worthy of highlight is this 1997 seat that can be placed in two positions and which would appear to be inspired by toothpaste. The Legover is produced by Partner & Co.

Chipperfield

En 1993 la empresa ICI lanzó al mercado un nuevo material para sofás, el *Waterlily*, e invitó a diversas empresas a participar en su desarrollo. David Chipperfield, en combinación con B & B, desarrolló la serie *Monolith*, "basada en la búsqueda de formas simples y minimalistas".

In 1993, ICI launched Waterlilly, an new material for sofas, and invited a number of companies to participate in its development. David Chipperfield, in combination with B&B developed the Monolith range, "based on the quest for simple, minimalist forms".

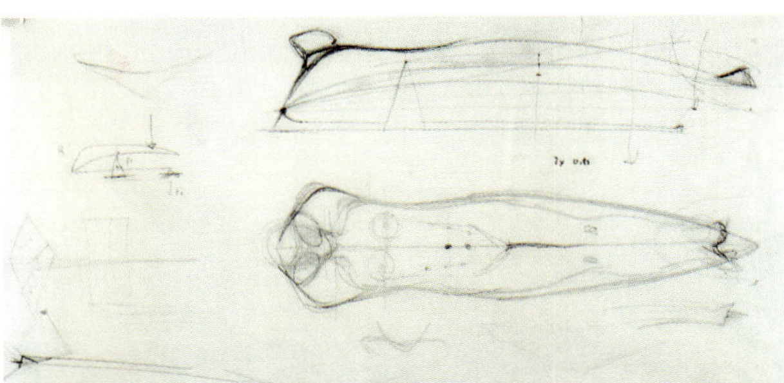

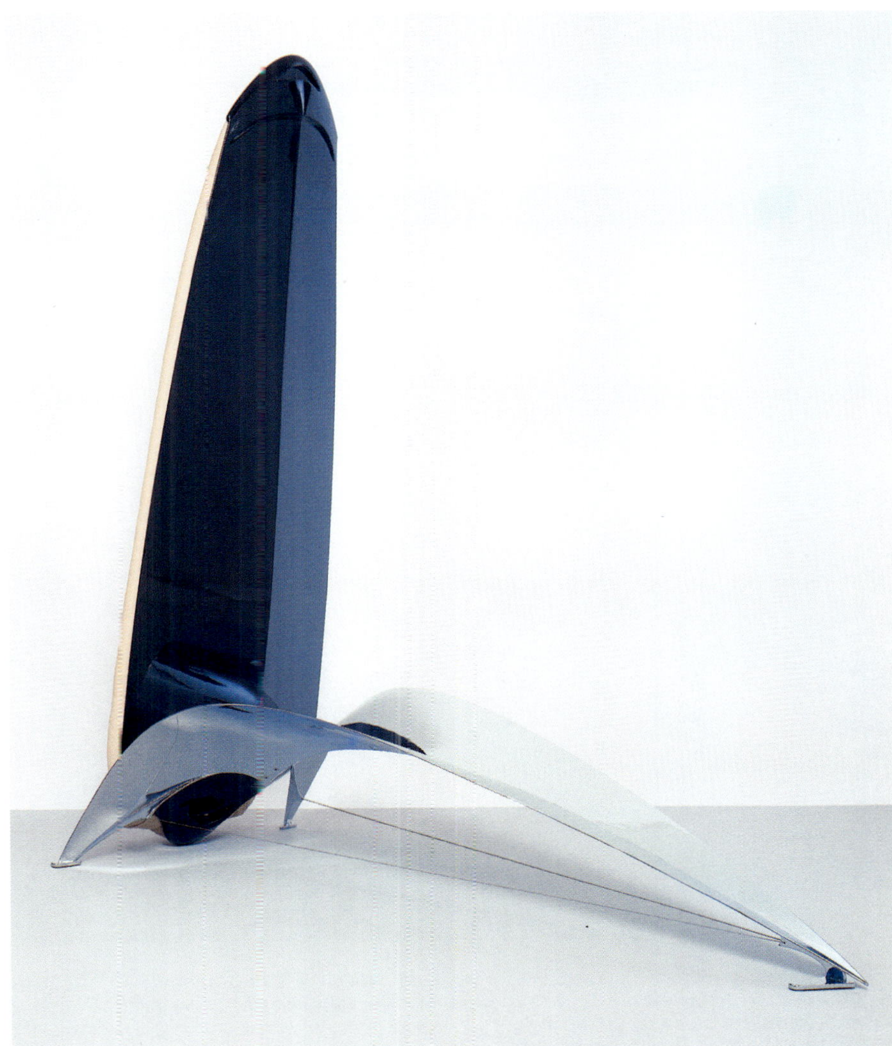

Además de arquitecto e ingeniero, Santiago Calatrava ejerce de escultor. Así queda evidenciado en esta tumbona antropomórfica que puede quedar elevada cual monolito fálico. La tumbona *Espada* fue producida en 1986 por De Sede.

In additions to his facets as architect and engineer, Santiago Calatrava is also a sculptor. This is clear from this anthropomorphic couch which can be raised vertically like a phallic monolith. This, the Espada (Sword) couch, was produced in 1986 by De Sede.

Gropius

A los veintisiete años Gropius dejó el estudio de Behrens y comenzó, con Adolf Meyer, la construcción de la fábrica Fagus. Y para esta obra diseñó, en el año 1911, este banco extremadamente simple, si se tiene en cuenta la época en que se concibió. Producido en la actualidad por Tecta.

When he was 27, Gropius left Behrens' studio and began, with Adolf Meyer, the building of the Fagus factory. For this 1911 assignment, he designed this bench, which was extremely simple for its time. Currently produced by Tecta.

Bofill

Para amueblar el proyecto de aeropuerto de Barcelona, Ricardo Bofill diseñó en 1990 este banco, en el que dos láminas de madera se encastan en bloques de piedra que hacen de soporte. Producido por Tecno.

To furnish his Barcelona Airport project, Ricardo Bofill, designed this bench in 1990, in which two planks of wood are set into the supporting stone. Produced by Tecno.

El banco *Estocolmo* fue creado por Rafael Moneo en 1999 para amueblar el Museo de Arte Moderno de esta ciudad. Aquí lo vemos situado en el interior del Palacio Kursaal, en San Sebastián (2000), obra también del mismo autor. Lo produce la empresa Casas.

The Estocolmo *bench was designed in 1999 by Rafael Moneo for Stockholm's Museum of Modern Art. Here we see it set in San Sebastian's Palacio Kursal (2000), which was also designed by Moneo. Produced by Casas.*

Rietveld

"Cada época requiere formas propias. Nuestro deber es renovar nuestro mundo con los medios actuales. Sin embargo, el peso de nuestro saber sobre el pasado pesa fuertemente y nuestra educación nos inhibe trágicamente. La aceptación del presente desemboca en renegar del pasado."

Hannes Meyer

"Every period needs its own forms. Our duty is to renovate our world with the means of the day. However, the weight of our knowledge of the past weighs heavily upon us and our education inhibits us tragically. Acceptance of the present leads to a re-negation of the past."

En coherencia con el De Stilj y siguiendo los pasos de la *Roodblauwe* (1918), Rietveld diseñó en 1922 esta mesita auxiliar, que presentó en la Casa Schroeder. La abstracción llega al límite con la combinación de planos escastados. En producción desde 1981 por Cassina.

In line with De Stilj and following in the footsteps of the Roodblauwe (1918), Rietveld designed in 1922 this side table, which first saw the light of day in the Schroeder House. Abstraction taken to the limit in combination with intersecting planes. Produced since 1981 by Cassina.

Hoffmann

Mesita desarrollada por Hoffmann en 1908 con el mismo sistema compositivo que el empleado en la silla para el cabaré Fledermaus. Versión de Anna Soler (1984) para la producción de B.D. Ediciones de Diseño.
Side table developed by Hoffmann in 1908 using the same compositional system as employed in his chair for the Cabaret Fledermaus. This is an Anna Soler version for the B.D. Ediciones de Diseño production run of 1984.

Lloyd Wright

Escribanía *Meyer May Desk*, diseñada en 1908 por Wright en colaboración con George Niedecken. Fue reeditada en 1996 por Cassina.
The Meyer May Desk designed in 1908 by Wright in collaboration with George Niedecken. Reproduced by 1996 by Cassina.

Breuer

Aunque apareció firmado por Breuer en el catálogo de Thonet de 1930, parece que no está clara la autoría de esta mesa. En cualquier caso, expresa a la perfección la filosofía racionalista del tubo de acero aplicada a la mesa de despacho. Una vez más, un único tubo va perfilando y soportando todo el conjunto. Actualmente está producida por Tecta.

Although attributed to Breuer in Thonet's 1930 catalogue, it would appear uncertain who in fact designed this desk. Whoever it was, it perfectly expresses the Rationalist philosophy of steel tubing applied to an office desk. Once again, a single piece of tubing is shaped to provide support for the entire object. Currently produced by Tecta.

Mesas Tables

Mies

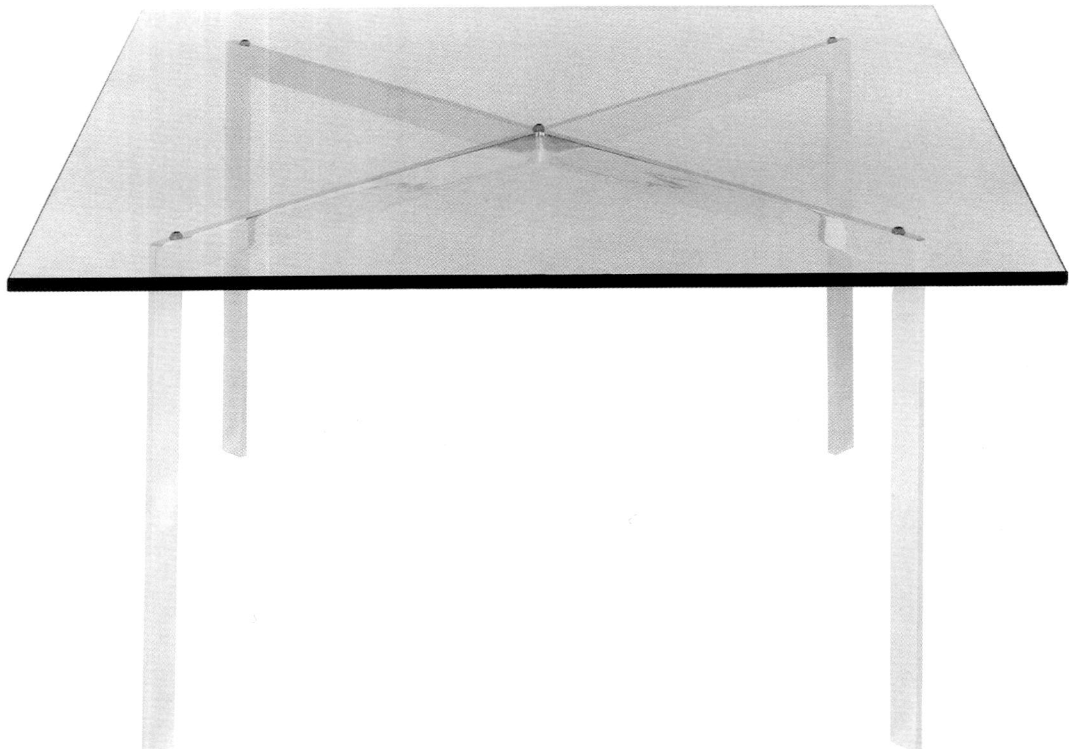

En combinación con sus asientos, Mies debía crear un sistema de mesas. Aquí sí aplicó, en rigor, su "menos es más". Tan solo dos marcos abiertos de pletina de acero, cruzados en su mitad y con el suficiente canto como para actuar de vigas de apoyo del pesado cristal. La primera mesa fue creada en 1930 —un año después de la silla *Barcelona*— para amueblar la Casa Tugendhat, en Brno, aunque se la conoce como mesa *Barcelona*. Desde 1948 la produce Knoll International.

Mies had to design a system of tables to combine with his seating. Here he actually managed to apply his slogan of "more is less". Two simple sheet steel frames, crossing at the middle, with sufficient edging to act as a supporting beam for the heavy glass. The first table was created in 1930, a year after the Barcelona chair, for furnishing the Tugendhat House in Brno, although it is in fact known as the Barcelona table. Produced since 1948 by Knoll International.

Breuer

A diferencia de Mies, que usó pletinas, las mesas de Breuer siguen el concepto de perfilado con tubo. Sus primeros trabajos, de 1925, fueron en realidad taburetes para el comedor de la Bauhaus. Pero, ¿cómo fijar el tablero plano en una estructura tubular? Simplemente, atravesándolo con tornillos. Ésa fue la solución inicial, que después se resolvió con pletinas soldadas inferiores; un sistema que se puede asegurar que es ya universal. La empresa Knoll International reproduce los originales desde los años 40.

In contrast with Mies and his sheet steel, Breuer's tables remained faithful to shaped steel tubing. His first (dating from 1925) were, in fact, stools for the Bauhaus canteen. What was the best way to fix the flat surface to a tubular structure? By simply screwing the one to the other. That, at least, was the initial solution, which would later be substituted by welding the underside, an approach that can now be described as universal. Knoll International has made reproductions of the originals since the forties.

"La palabra ´equipamiento´ en lugar de ´decoración´: muebles metálicos combinables formando particiones totales o parciales, asientos en tubo de acero y tela tensada por resortes, mesas en tubo de avión y baldosas de vidrio. Dominio del acero y del vidrio. Expresión del Arte contemporáneo. Así empezó."

"The word 'equipment' instead of 'decoration'. Combinable metal furniture forming total or partial partitions, seats made of steel tubing and material tensed with springs, tables made of aircraft fuselage and tiles made of glass. Domination of steel and glass. The expression of contemporary Art. That's how it began."

También el maestro Corbu, al igual que Mies y Breuer, debía proponer su concepto de mesa moderna. En el Salon d'Automne de 1929, junto con Pierre y Charlotte, presentó un modelo con gruesas patas de "tubo de avión ovoide"; sin embargo, ese mismo año había diseñado ya un modelo más razonable (en la foto), con patas de tubo estándar, rigidización con pletina y sobre de vidrio. Más tarde, en 1934, idearon otro sistema a base de patas de fundición centrales con cartelas de acero para sostener un grueso tablón de madera. Puestas en producción desde 1985 por Cassina bajo la supervisión de la propia Charlotte Perriand.

As was the case with Mies and Breuer, the great Corbu had to propose his concept of the modern table. At the 1929 Salon d'Automne, he presented, together with Pierre and Charlotte, a model with thick legs "of ovoid aeroplane tubing". However, in the same year he had designed a more reasonable table (*main photo*) with standard tube legs, sheet steel reinforcement and a glass surface. In 1934 they came up with another system based on central cast iron legs with steel arms supporting a thick wood top. Put into production in 1985 by Cassina under the supervision of Charlotte Perriand herself.

"Deberíamos esforzarnos en la producción de artículos sencillos, buenos, sin decoración, de artículos que estuvieran en armonía con el ser humano y que se adaptasen orgánicamente al hombre de la calle."

Alvar Aalto

"We should endeavour, in the production of good, simple articles without decoration, to create articles which are in harmony with human beings and which adapt themselves organically to the man in the street."

Aalto

Este carrito para el té fue presentado por Aalto en la Triennale de Milán de 1936 para completar una muestra sobre su obra. En múltiples versiones posteriores, se ha convertido en la mesa auxiliar móvil por antonomasia. Desde entonces lo produce Artek.

This tea trolley was presented by Aalto at the 1936 Milan Triennale to complete an exhibition of his works. Subsequently, its multiple versions have come to represent the auxiliary table *par excellence*. Produced by Artek since its creation.

Lloyd Wright

Esta mesa, emparentada con la silla *Midway*, fue diseñada por Wright para los Midway Gardens de Chicago en 1914, y reeditada por Cassina en 1986.

This table, which complements the Midway chair, was designed by Wright for Chicago's Midway Gardens in 1914 and revived by Cassina in 1986.

Frank Lloyd Wright

"En la arquitectura orgánica es del todo imposible considerar el edificio como una cosa, sus accesorios y equipo como otra y su emplazamiento y entorno como otra más. El espíritu en que son concebidos estos edificios ve todo esto como una cosa única. Incluso las propias sillas y mesas, los armarios y aun los instrumentos musicales forman parte del edificio en sí, jamás son accesorios metidos simplemente dentro de él..."

"In organic architecture it is utterly impossible to consider a building as one thing, its accessories and equipment as another and its surroundings as yet another. The spirit in which these buildings are conceived encompasses all these things as one. Even the chairs and tables themselves, the cupboards and even musical instruments form part of the building itself. They are never just accessories put inside them."

Mollino

Esta compleja mesa, se ensambla con un sistema constructivo de soportes y tensores, habitual en la arquitectura de Carlo Mollino. La mesa *Reale* fue diseñada en 1946 y puesta en producción por Zanotta en 1990.

This complex table is assembled using a systems of supports and tensors common in the architecture of Carlo Mollino. Named Reale, it was designed in 1946 and produced by Zanotta in 1990.

Mesas Tables

Niemeyer

Del brutalismo y la monumentalidad de Niemeyer surgió en 1985 esta propuesta de mesa con sobre en voladizo, para la fima Estel.

Niemeyer's Brutalism and Monumentalism were responsible for this table with a projecting top, designed for the firm Estel in 1985.

Piano

Piano

A pesar de su simplicidad, la mesa y la librería *Teso* son el resultado de un ingenioso sistema de atirantado. Las patas tienen un canal por donde pasa un cable que, tensado, y gracias a la resistencia a compresión del vidrio, transforma las diversas piezas en un resistente monobloque. Un recurso "ligth-tech" de Renzo Piano desarrollado para Fontana Arte-Schopenhauer.

Despite its apparent simplicity, the Teso table and shelves are the result of an ingenious system of tensioning. The legs have a channel for a cable which, when tensioned, and thanks to the resistance to compression of the glass, transforms its constituent parts into a strong single unit. A light-tech Renzo Piano design for Fontana Arte - Schopenhauer.

Arad

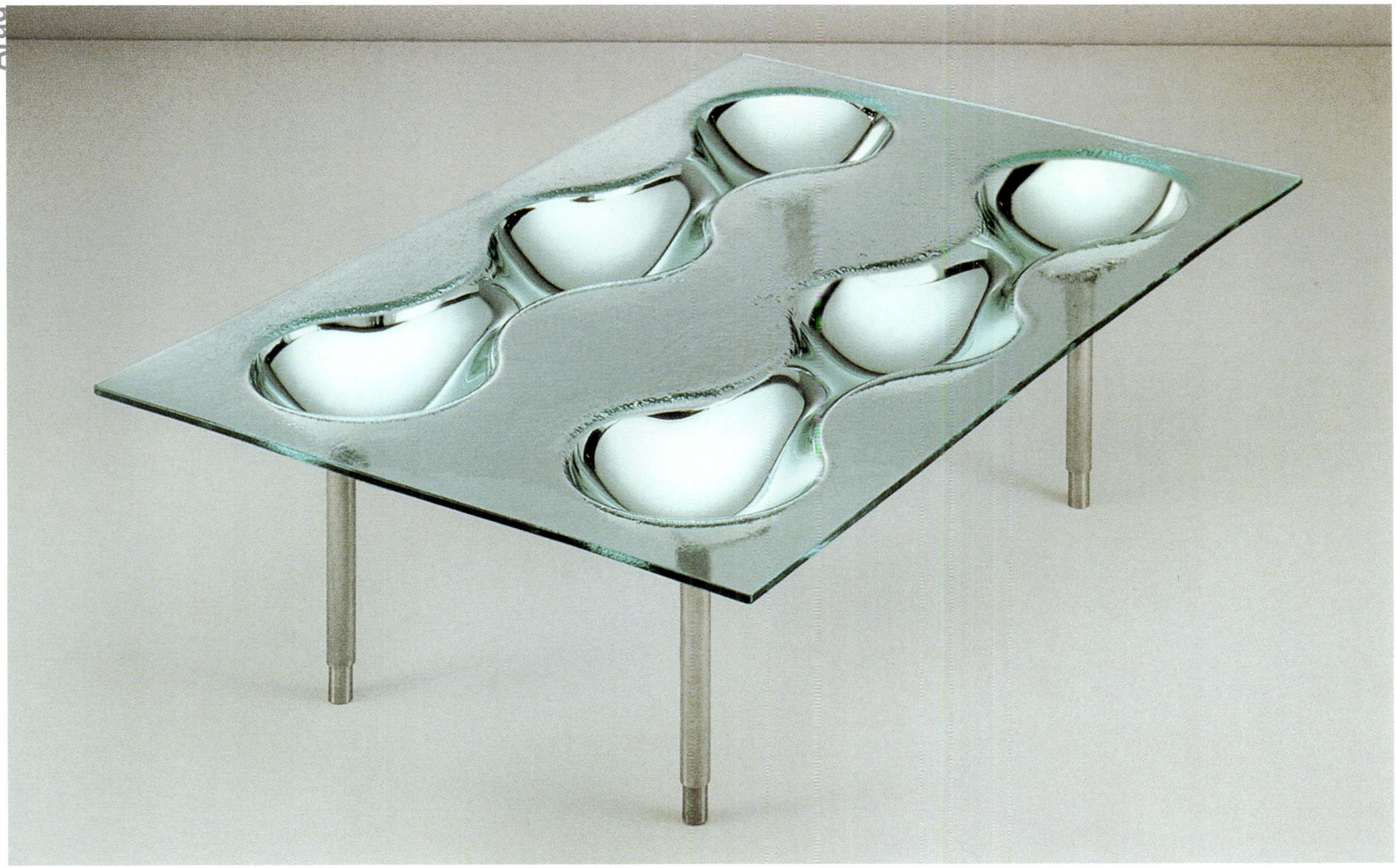

En su constante investigación de los materiales, Ron Arad ha creado una excepcional serie de mobiliario en acero. Y para las mesas de Fiam Italia en 1989 ideó un sorprendente sistema de fusión del metal con el vidrio.

As part of his constant research into materials, Ron Arad has created an exceptional range of steel furniture. For the 1989 Fiam Italia tables, he conceived an original system of fusing metal with glass.

Aulenti

Aulenti

Qué mejor para una mesa móvil que enganchar directamente las ruedas al sobre. Dos diseños de idéntico fundamento de Gae Aulenti. El primero, *Mesa con Ruedas* (1980), y el segundo, *Tour* (1993), concebido como un rediseño irónico del original, ambos para la empresa Fontana Arte y su colección *Schopenhauer*.

What better way of creating a movable table than attaching the wheels directly to the top? Two designs based on this same idea from Gae Aulenti. The first, Table with Wheels (1980), and the second, Tour (1993) as an ironic re-design of the original, both for Fontana Arte's Schopenhauer collection.

Ungers

Neorracionalista mesa *Quadra*, diseñada por O. M. Ungers para Sawaya & Moroni (1993).
The Neo-Rationalist Quadra table, designed by O. M. Ungers for Sawaya & Moroni (1993).

Superstudio

Nacido en 1971 con una ironía radical, *Quaderna* era un sistema para invadir el mundo, una cuadrícula de 3 x 3 centímetros para construir cualquier mueble. Esta propuesta conceptual del grupo Superstudio (1966-78), encabezado por Adolfo Natalini, sobrevive gracias a la producción de Zanotta.
Designed as a radically ironic statement in 1971, Quaderna was a system conceived to take over the world, with a 3 x 3 cm squared motif for any piece of furniture. The conceptual proposal sprang from the Superstudio group (1966-78), headed by Adolfo Natalini, and survives today thanks to Zanotta's production run.

Siza

Escritorio *Estirador*, realizado por Siza como parte del mobiliario de la Facultad de Arquitectura de Oporto (1993). Lo produce Carvalho Araújo.
The Estirador desk. Designed by Siza to furnish the Oporto Architecture Faculty (1993). Produced by Carvalho Araújo.

Sottsass

Gregotti

Como una agregación urbana, esta mesa expresa la voluntad arquitectónica de Sottsass. Mesa *Park* producida por Up & Up para Memphis en 1983.

Like an urban sprawl, this table expresses Sottsass's architectural leanings. Park table produced by Up & Up for Memphis in 1983.

Mesita auxiliar *Orio*, diseñada por Vittorio Gregotti y Pierluigi Cerri en 1985 y producida por Fontana Arte.

Orio auxiliary table designed by Vittorio Gregotti and Pierluigi Cerri in 1985, produced by Fontana Arte.

Tusquets

La mesa *Alada*, de Tusquets, pretende solucionar el problema de las patas a la hora de sentarse. Para ello, se dispone una estructura portante de gran base, que se va estrechando hasta volverse a extender a fin de sostener, en voladizo, el vidrio superior: la máxima superficie con la menor base estable posible. Producida por Casas desde 1986.

Tusquets' Alada table aims to avoid the problems of the legs intruding when you sit down. To this end, its wide-based load-bearing structure narrows and then widens again to support the projecting top: maximum surface area with the smallest possible stable base. Produced by Casas since 1986.

Norman Foster

"Una habitación es como un gran mueble, por así decirlo, un edificio es como una ciudad reducida a un microcosmos."

"A building is like a large piece of furniture. You might say a building is like a city reduced to microcosms."

Foster

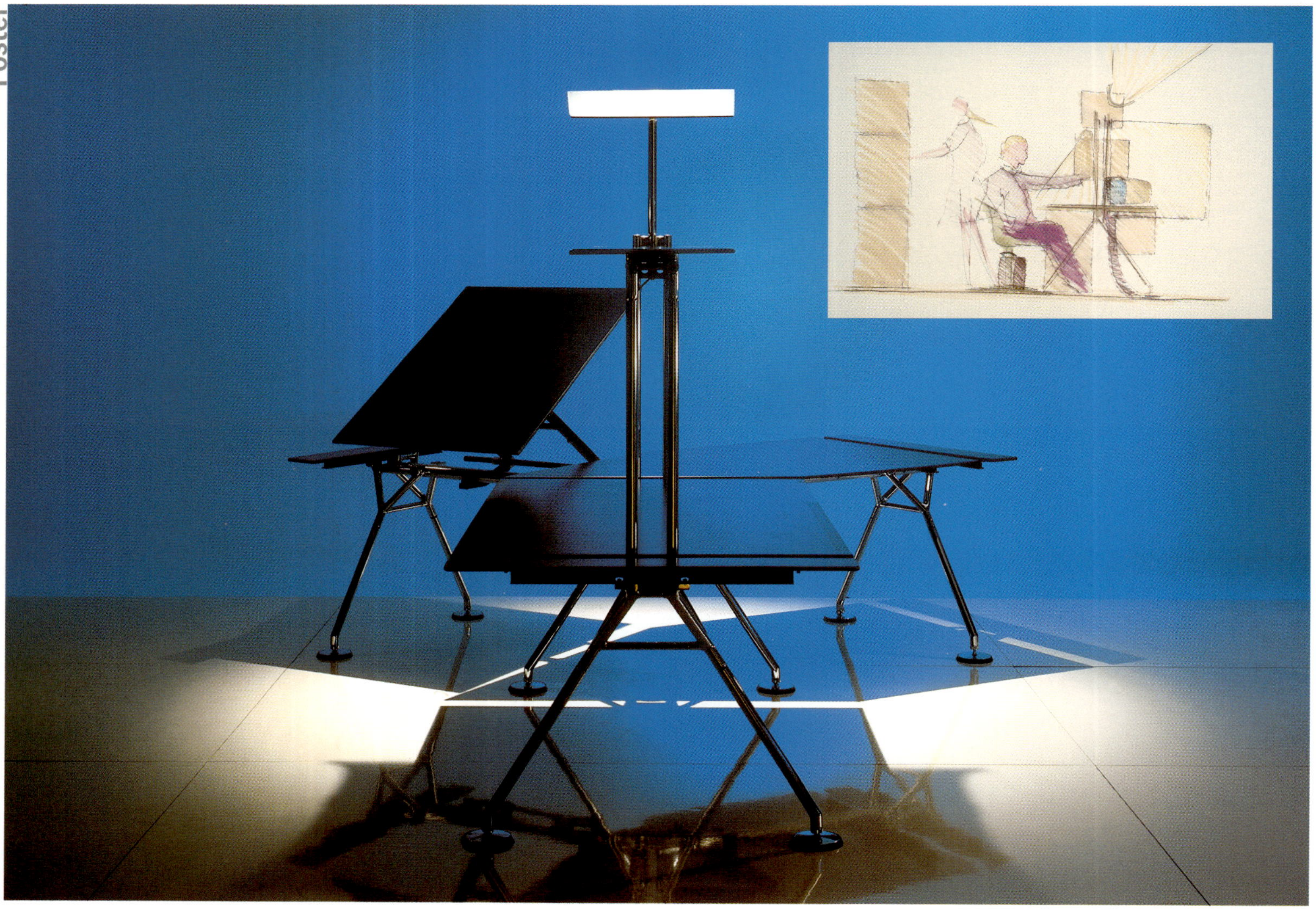

Este fue uno de los primeros diseños de Foster que llegó a la producción en serie. Se basa en un sistema de mesas que en principio había desarrollado para su propio estudio. El sistema *Nomos* fue, en 1986, una auténtica revolución en el sector de oficinas, ya que independizaba las superficies de trabajo —en varias alturas— de los soportes, al tiempo que solventaba brillantemente los sistemas de cableado. Producido por Tecno.

This was one of the first Foster designs to be mass produced. It is based on a system of desks which he had designed initially for his own studios. This, the Namos system (1986) caused a true revolution in office furniture, making the work surfaces (of various heights) independent of their supports and providing a brilliant solution to cabling problems. Produced by Tecno.

Para el amueblamiento de la Fundación Cartier en París, Jean Nouvel elaboró un aparentemente simple sistema de mesas. Pero, en realidad, el sistema *Less* responde a un afinadísimo cálculo de secciones metálicas, que intenta llegar a lo esencial e imprescindible. En rigor, el sobre no es plano, sino que por su parte inferior se construye como un triángulo que le confiere resistencia y se estrecha hasta el perfil en su canto. Producido por Unifor en 1994.

For the Cartier Foundation in Paris, Jean Nouvel developed this apparently simple table system. In fact, the "Less" was the result of a painstaking calculation of metal sections aimed at leaving only the essential and indispensable. The surface is not actually flat: underneath, it is built as a triangle, providing strength, thinning out to its edges. Produced by Unifor in 1994.

En 1904 Mackintosh recibió el encargo de diseñar un escritorio, una silla y candelabros para la Hill House. El escritorio, con caoba teñida de negro, con incrustaciones de sicomoro, nácar y marfil y cristales blancos y lilas, es un auténtico ejercicio de artesanado "moderno" de la época. En 1984 B.D. Ediciones de Diseño puso en producción este y otros muebles del autor, con el asesoramiento de la Charles Rennie Mackintosh Society.

In 1904 Mackintosh was commissioned to design a desk, chair and candelabras for Hill House. The desk, of black-stained mahogany with sycamore, mother-of-pearl and ivory inlays and white and lilac glass, is a fine example of the "modern" craftsmanship of the time. In 1984 B.D. Ediciones de Diseño put this and other furniture into production, with the advice of the Charles Rennie Mackintosh Society.

Le Corbusier estudió, ya en 1925, un sistema de módulos estándar, pero fueron los Eames quienes, en 1952, presentaron lo que debía resultar el sistema definitivo, barato, y versátil. El sistema *ESU* (Eames Storage Unit) era prácticamente una reducción de su propia casa, marcando los niveles, mostrando la estructura, coloreando los paneles y rigidizando con "equis" el conjunto. Inició la producción Herman Miller, pero no logró cautivar al público, que consideró que su ensamblaje era muy complejo.

Le Corbusier had already studied a standard system of modules in 1925, but it was the Eames who, in 1952, presented what was designed to be the definitive, cheap and versatile system. The ESU (Eames Storage Unit) was practically a reduction of their own house, outlining levels, showing the structure, colouring panels and reinforcing the combination with "x"s. Production was begun by Herman Miller, but the system failed to capture the imagination of the public, who found it very complicated to assemble.

Mobiliario Furniture

Breuer

El crítico suizo Sigfried Giedion fundó en Zúrich la Wohnbedarf, una de las primeras tiendas de mobiliario moderno, y encargó a Breuer su interiorismo y algunas piezas. Entre ellas, este curioso sistema de librería, fechado en 1932, con soporte central de aluminio. En la actualidad lo produce Tecta.

Swiss critic Sigfried Giedion founded in Zurich Wohnbedarf one of the first modern furniture stores, and commissioned Breuer to design its interior and a number of items of furniture, amongst which was this curious bookshelf, with a central aluminium support. Currently produced by Tecta.

Chipperfield

El interiorista y arquitecto minimalista David Chipperfield fue requerido en 2000 por Driade para diseñar un despacho. Para la librería propuso este sistema con singulares bandejas con compartimentos.

Minimalist interior designer and architect David Chipperfield was commissioned in 2000 by Driade to design an office. For the shelving, he proposed this system with a singular, compartmentalised "in-tray" look.

Scarpa

Scarpa desarrolló definitivamente este sistema de librería que, sin mucho éxito, se venía ensayando desde los años 30. Se trata de un apoyo entre el suelo y el techo mediante soportes extensibles que fijan la estructura, desde donde cuelgan los estantes. Producido por Bernini.

Scarpa definitively developed this shelving which he had been unsuccessfully testing since the thirties. It is supported on both floor and ceiling with extendible legs, fixing the structure from which hang the shelves. Produced by Bernini.

Engels

El diseño de mobiliario belga experimentó un gran auge tras la segunda Guerra Mundial. Muchos arquitectos diseñaron el amueblamiento de sus obras con gran libertad formal. Esta cajonera fue diseñada por Lucien Engels en 1957.
Belgian furniture design saw a boom after the Second World War. Many architects designed the furniture for their buildings with great formal freedom. This drawer system was designed by Lucien Engels in 1957.

Perrault

Dominique Perrault decidió acabar de forma integral su Biblioteca Nacional de Francia (París, 1998). Para ello desarrolló un completo programa de mobiliario e iluminación. Una de las librerías, inspirada en la propia colocación de los libros.
Dominique Perrault decided to provide an integrated finish to his French National Library in Paris (1998). To this end, he developed a complete furniture and lighting programme. This is one of the bookshelves, inspired by the placement of the books themselves.

Mobiliario Furniture

Van Der Meeren

Esta singular cajonera sobre un eje central giratorio fue diseñada por el belga Willy van der Meeren en 1955 y producida por Tubax.
This singular chest of drawers, featuring a central swivelling axis, was designed by Belgian Willy van der Meeren in 1955 and produced by Tubax.

Pau

En 1973 el estudio Martorell-Bohigas-Mackay creó su departamento de interiorismo y diseño, encabezado por Lluís Pau. Este sistema de cajoneras escamoteables fue diseñado en 1977 y puesto en producción por Colur en 1989.
In 1973, the firm Martorell-Bohigas-Mackay created its Interiors and Design Department, headed by Lluís Pau. This system of hideable drawers was designed in 1977 and put into production by Colur in 1989.

Hejduk

El arquitecto y crítico John Hejduk creó este trono plegable para la Triennale de Milán de 1985, titulado *Las afinidades electivas*.
Architect and critic John Hejduk created this foldable throne, titled "The Elective Affinities" for the 1985 Milan Triennale.

Miralles / Tagliabue

Toda una arquitectura en sí misma. El "mueble-móvil" *Lelukaappi* fue diseñado por Miralles y Tagliabue tras un encargo del Alvar Aalto Museum en el año 1995. Se trata de una especie de escenario móvil, un contenedor de libros y objetos que se desparrama en el espacio como su propia arquitectura.

A complete work of architecture. The Lelukaappi *furniture/mobile was designed by Miralles and Tagliabue under commission from the Alvar Aalto Museum in 1995. It is a kind of mobile stage, a container for books and other objects which spills through space like the buildings of its creators.*

Venturi / Scott Brown

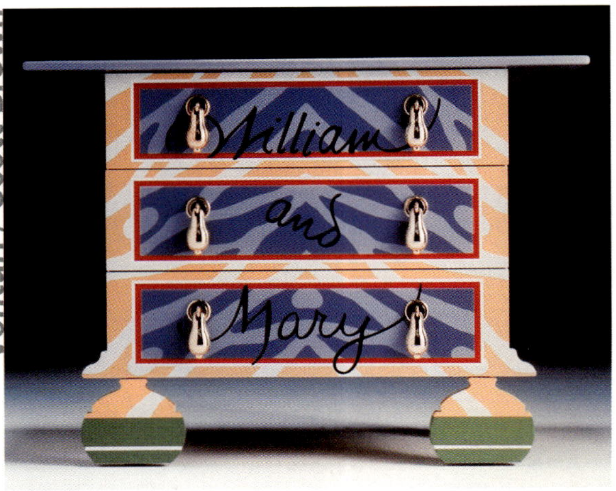

Arriba: Venturi y Scott-Brown conciben el mobiliario como una oportunidad decorativa, más allá de su función. Esta consola fue presentada en la Triennale de Milán de 1985.

Above: Venturi and Scott-Brown see furniture as an opportunity for decoration reaching beyond mere function. This chest of drawers was presented at the 1985 Milan Triennale.

Sejima

Izquierda: la función del mobiliario puede llegar a diluirse o a reinventarse. Cuando Sejima creó su colección para Driade en 2000 presentó esta pieza, *Hanahana*, como si se tratara de la silueta de un árbol, que también puede servir como soporte de flores.

Left: The function of a piece of furniture can dissolve or reinvent itself. When Sejima created his collection for Driade in 2000 he presented this object, the Hanahana, in which the silhouette of a tree can also be used as a support for flowers.

Sottsass

Ettore Sottsass

"La situación cultural de Italia en esa época era tal que no podía practicar la arquitectura que yo soñaba. Entonces pensé lanzarme a la micro-experimentación. Hacer objetos arquitectónicos en lugar de arquitectura."

"Los armarios para mí son una manera de imaginar algo que detiene el tiempo. Son también una memoria de elementos arquitectónicos ya que no puedo construir mucha arquitectura. Por lo tanto hago armarios."

"The cultural situation of Italy during this period was such that I could not practice the architecture that I dreamt of. So, I thought of delving into micro-experimentation, making architectural objects instead of architecture."

"Cupboards, for me, are a way of imagining something which stops time. Since I can not construct much architecture they also constitute a memory of architectural elements. That's why I make cupboards."

Sottsass

En 1981 Ettore Sottsass puso en marcha el grupo Memphis con una rabiosa colección de mobiliario colorista en la que participaron los arquitectos Hollein, Graves e Isozaki. Obtuvo ácidas críticas y algún que otro entusiasta apoyo. Pero lo cierto es que ayudó a liberar el rumbo de un mobiliario, que por entonces se hallaba estancado.
Arriba, mueble *Carlton*; a la derecha, librería *Casablanca*, ambos de la primera colección de 1981.
Sobre estas líneas, un muestrario de la colección de laminados diseñada por Sottsass para Abet Laminati.

In 1981, Ettore Sottsass launched the Memphis group with a wild range of colourist furniture, in which the architects Hollein, Graves and Isozaki all played their part. It received withering criticism and, here and there, enthusiastic support. What is undeniable, however, is the fact that it helped liberate furniture from the course in which it had been stuck.
Above: Carlton furniture and, *right*, Casablanca bookshelf from the first 1981 collection.
Above these lines, a selection from the laminate collection designed by Sottsass for Abet Laminati.

Alvaro Siza

"El objeto perfecto es como un espejo sin marco y sin pulimiento, el fragmento de un espejo que vemos en el suelo o apoyado en un muro. Un miope aprecia en él formas, sombras en movimiento, reflejos de reflejos. Así se alimenta el diseño."

"The perfect object is like a frameless and unpolished mirror, the fragment of a mirror we see on the floor leaning against the wall. In it, the short-sighted discern shapes, shadows in movement, reflections of reflections. This is the food of design."

Siza

Mendini

Samsó

Arriba, espejo mínimo de Siza Vieira: apenas un alambre que recoge el vidrio convenientemente recortado, producido por Decimo Alvaro en 1995. Debajo, un enigmático diseño de Eduard Samsó: un conglomerado de plafones que devuelve el espacio, descompuesto y distorsionado, producido por B.D. Ediciones de Diseño desde 1991. A la izquierda, un espejo de Mendini, con su característico enmarcado puntillista, producido por Glass.

Above: minimalist mirror by Siza Vieira, scarcely more than a wire to hold the appropriately cut glass, produced by Decimo Alvaro in 1995. *Below*: an enigmatic design by Eduard Samsó. A layering of surfaces which returns a deconstructed, distorted view of space. Produced by B.D Ediciones de Diseño since 1991. *Left*: a Mendini mirror, with its characteristic Pointillist frame. Produced by Glass.

Perrault

Prouvé

Arriba. Este tríptico mampara forma parte de la colección de mobiliario desarrollada por Domique Perrault con Gaëlle Lauriot-Prevost en 1995. Habituado a usar las mallas metálicas en sus proyectos, ha extendido el material a usos domésticos, desde estanterías a lámparas o posavasos.
Derecha. Entre sus muchos productos industrializados para la arquitectura, Jean Prouvé ideó este panel de aluminio con ventanas circulares para su casa en Bancy, de 1953, que puede ser utilizado como mampara. Reproducido por Tecta.

Above. This triptych screen forms part of a furniture collection developed by Dominique Perrault with Gaëlle Lauriot-Prevost in 1995. Accustomed to using metal meshes in his projects, he has extended the material to the domestic arena, employing it in shelving, lamps and coasters.
Right. One of his many industrialised architecture products, Jean Prouvé designed this aluminium panel with circular windows, which can be used as a screen, for his 1953 house in Bancy. Reproduced by Tecta.

Graves

Como si fuese una miniarquitectura posmoderna, este tocador de Michael Graves fue presentado en la mítica primera colección del grupo Memphis de 1981. Es diáfana su semejanza con el sistema compositivo por adición de volúmenes decorados, característico de la obra de este autor.

As if it were a miniature work of post-modernist architecture, this Michael Graves dressing table was presented as part of the Memphis group's now legendary first collection of 1981. The similarities with its designer's compulsively-employed compositional system of decorative volumes is striking.

Hollein

Con la misma función y del mismo año que la pieza de arriba, este tocador de Hans Hollein lleva al extremo la refinada ironía vienesa. A pesar de las llamativas plumas, el sobre del mueble vuelve a reproducir la característica forma alada de la arquitectura de Hollein. Producido por Mid en 1981.

With the same function and dating from the same year as the piece above, this Hollein dressing table takes refined Viennese irony to extremes. Despite its striking plumage, the surface once again reproduces the characteristic winged forms of Hollein's architecture. Produced by Mid in 1981.

Jean Nouvel

"A decir verdad, me siento arquitecto, diseñador y artista a la vez. Tengo perfecta conciencia —de hecho es una intención fundamental y deliberada de mi obra— de que existe una multiplicidad de niveles, una multiplicidad de significaciones."

"To tell the truth, I feel like an architect, a designer and an artist all at the same time. I am perfectly aware—in fact it is a fundamental and deliberate aim in my work—that there are a multiplicity of levels, a multiplicity of meanings."

"Uno de los principales sistemas para controlar la materia es a través de la luz. Y en este sentido, uno de los instrumentos más sorprendentemente modernos y evolucionados es el vidrio" dice Nouvel, aventajado usuario de este material. El sistema *Compact* combina el vidrio con el metacrilato de color en una composición de cubos giratorios capaz de soportar 400 kilos. Producido por Zeritalia desde 1999.

"One of the principal means of controlling materials is the use of light. One of the most surprisingly modern and evolved instruments for doing this is glass". Sic dixit Nouvel, an outstanding exponent of this material. This, the Compact system, combines glass with coloured methacrylate in a composition of swivelling cubes capable of bearing a weight of 400 kilos. Produced by Zeritalia since 1999.

Nouvel

Wewerka

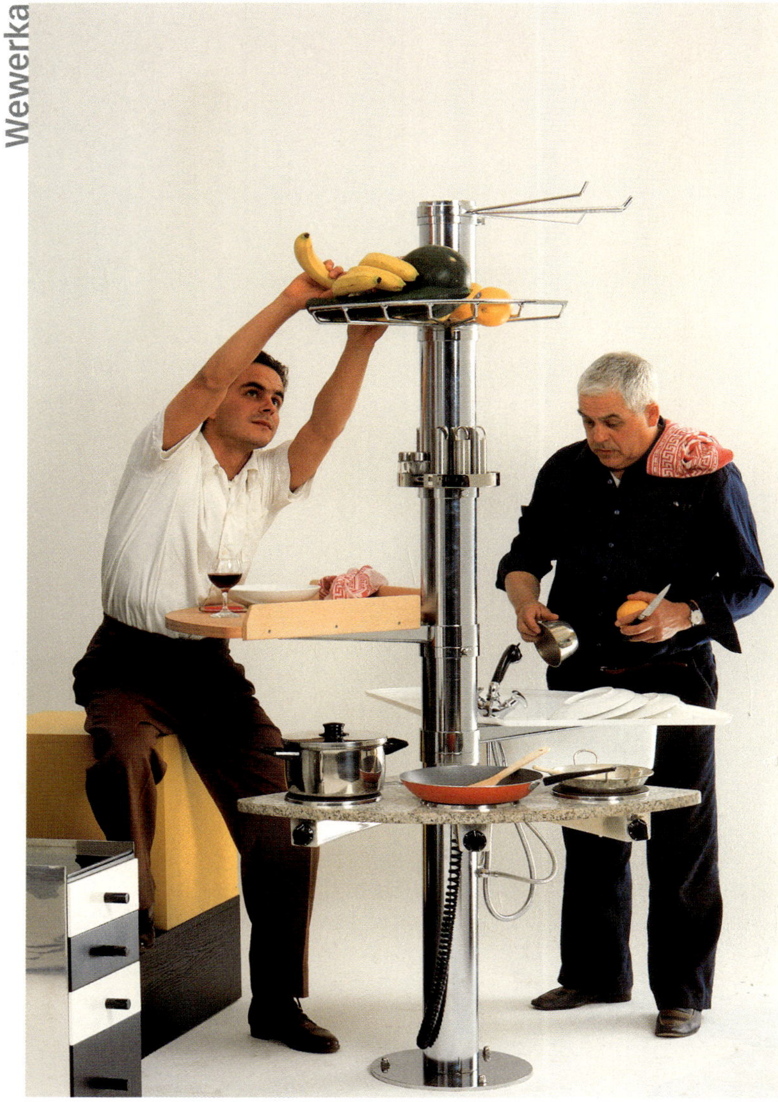

Coop Himmelblau

A medida que el mobiliario se complica, el arquitecto se aleja. Tres ejemplos, casi de microurbanismo, más que de microarquitectura. Arriba, a la izquierda, un sistema de baño en acero inoxidable y vidrio de Jean Nouvel para Zeritalia (2000). Sobre estas líneas, la mini-cocina de Stephan Wewerka, producida por Tecta desde 1984: diversos planos de trabajo girando sobre una columna central que proporciona los servicios. A la izquierda, módulos de cocina *Mal-Zeit*, del grupo vienés Coop Himmelblau producidos por Ewe Kuechen desde 1990.

The more complex furniture becomes, the further architects distance themselves from it. Three examples of what could be considered more micro-town planning than micro-architecture. *Above*: on the left, a system for the bathroom in stainless steel and glass by Jean Nouvel for Zeritalia (2000). Above these lines, Stephan Wewerka's mini-kitchen, a variety of work surfaces which swing into place around a central column which acts a conduit for water, gas, electricity, etc. Produced by Tecta since 1984. *Left*: Mal-Zeit kitchen modules by the Viennese group Coop Himmelblau produced by Ewe Kuechen since 1990.

Hans Hollein

"No creo en los límites entre arquitectura, diseño de interiores, diseño escenográfico o el diseño de objetos."

"I do not believe in limits between architecture, interior design, stage design and the designing of objects."

Hollein

Isozaki

Sottsass

Hejduk

Una simple cama es demasiado poco para un arquitecto; se hace necesario ofrecer algo más que un somier. Arriba, el majestuoso camastro de Hollein titulado *City*, producido por Wittmann en 1982. Cama de Isozaki inspirada en el tatami japonés pero con aires de ring de boxeo y producida para la Triennale de Milán en 1985. Al lado, cama "pop" *Mobili Grigi* (1970), de Ettore Sottsass, para Poltronova. Abajo, la simbolista propuesta de Hejduk para la empresa minimalista italiana Capellini (1988).

An architect could never be satisfied by a simple bed: he has to offer more than a simple platform for a mattress. Top: a palatial bed by Hollein, named City and produced by Wittmann in 1982. An Isozaki bed inspired by the Japanese tatami but with the air of a boxing ring, produced for the 1985 Milan Triennale. To its right, a "Mobili Grigi" pop bed designed by Ettore Sottsass in 1970 for Poltronova. Below: Hejduk symbolist proposal for the Italian company Capellini (1988).

Rietveld

Ponti

Esta lámpara futurista fue ideada por Gio Ponti en 1931 y consiste en un cilindro rodeado de círculos de vidrio. La produce Fontana Arte.
This Futurist lamp was designed by Gio Ponti in 1931 and consists in a cylinder surrounded by flat glass circles. Produced by Fontana Arte.

En perfecta sintonía con su sillón descompuesto, Rietveld creó en1920 esta lámpara, que no es más que la suspensión en el aire de tres bombillas colgadas de un soporte, cada una marcando una de las tres dimensiones del espacio. La ideó para el despacho del cirujano Doctor Hartog, pero un incendio destruyó el único ejemplar. Gropius la utilizó para amueblar el despacho del Director de la Bauhaus, y con este uso consiguió atraer un nuevo interés hacia la pieza. Desde 1986 la produce Tecta con licencia de Cassina.
In perfect harmony with his deconstructed armchair, Rietveld created this lamp, which is nothing more than three bulbs, hanging in the air from a support, each marking one of the three spatial dimensions. It was created for the office of the surgeon Doctor Hartog in 1920, but the only example was lost in a fire. Gropius used it to furnish the office of the Bauhaus Director, which awoke renewed interest in the design. Since 1986, it has been produced by Tecta under licence from Cassina.

Lámparas que más allá de iluminar se hacen notar. Arriba, a la izquierda, lámpara de sobremesa de Van der Meeren, de 1955, para la empresa Tubex. A la derecha, lámpara *Pirellina* (1967), de Gio Ponti, que evoca el perfil de su rascacielos para la Pirelli del año 1956.
Cuando Philip Johnson construyó su Casa de Cristal, descubrió la dificultad que entrañaba su iluminación. De ahí surgió la idea de diseñar en 1950 esta lámpara que se apoya en el suelo. Producida por Edison Price. A la derecha, la lámpara *Rimorchiatore* (1968), una auténtica maqueta iluminada de Gae Aulenti, producida por Fontana Arte.
Lamps which, more than illuminate, draw attention to themselves. *Upper left*: table lamp by Vander Meeren (1955) for the company Tubex. *Right*: the Prellina lamp (1967) by Gio Ponti, which evoked the outline of the Pirelli skyscraper for the company in 1956.
When Philip Johnson built his Glass House, he discovered how difficult it was to light it. This gave him the idea for the design of this 1950 lamp, which rests on the floor. Produced by Edison Price. *Lower right*: the Rimorchiatore, an illuminated model by Gae Aulenti dating from 1968 and produced by Fontana Arte.

Van Der Meeren

Ponti

Johnson / Kelly

Aulenti

Botta

Calatrava

Más que iluminar se trata de ambientar el espacio. Un tótem que irradia arquitectónicas sombras sobre paredes y techo. Es la lámpara *Shogun*, de Mario Botta, para Artemide (1985).

More than illuminate, this object provides ambience. A totem pole radiating architectural shadows over walls and ceiling. Such is the Shogun lamp by Mario Botta for Artemide (1985).

Usando uno de sus hallazgos estructurales —dos "uves" invertidas ligadas por un fuste— Calatrava diseñó en 1992 la lámpara *Montjuic* para Artemide, hermana mayor de la *Onidia*.

Using one of his structural discoveries –two inverted "V"s linked by a support– Calatrava designed this Montjuic lamp (the big sister of the Onidia) for Artemide in 1992.

Tusquets

¿Cómo iluminar una librería sin dar sombra sobre los libros? Iluminando desde los estantes superiores. Este ingenio de camuflaje fue creado por Tusquets en 1986 para B.D. Ediciones de Diseño.

How do you illuminate a bookcase without casting the books into shadow? By illuminating it from the upper shelves. This ingenious system of camouflage was designed by Tusquets in 1986 for B.D. Ediciones de Diseño.

Siza

¿Cómo colgar una bombilla en el espacio sin que te deslumbre? Creando una estructura ligera pero estable y protegiendo la bombilla. La lámpara *Fil* (hilo), a modo de palmatoria moderna, es producida por Mobles 114 desde 1992.

How do you hang a light bulb in space without it dazzling you? By creating a light yet stable structure and protecting the bulb. The Fil (Thread) lamp –a contemporary candlestick— has been produced by Mobles 114 since 1992.

Siza

A raíz de la organización de una exposición sobre su propia obra en Vicenza, Alvaro Siza diseñó este modelo de luminaria, *Lorosae*, producido por Reggiani en 2000.
On the occasion of the organisation of an exhibition of his own work in Vicenza, Alvaro Siza designed this illumination system, the Lorosae, which began production by Reggiani in 2000.

Magistretti

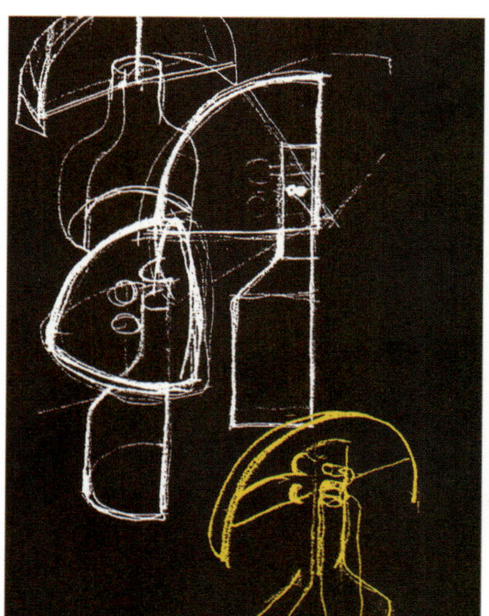

Un claro ejemplo del "bel design" italiano: esfera, cono y cilindro; la lámpara *Atollo*, de Vico Magistretti, producida por O luce en 1977.
A clear example of Italian bel design: sphere, cone and cylinder. Vico Magistretti's Atollo lamp, produced by O Luce in 1977.

Ambasz

Como alternativa a los tecnificados sistemas de iluminación suspendidos, Emilio Ambasz desarrolló este sistema "soft" de carriles electrificados, vestidos con una tela triangular. El sistema *Soffio* fue producido por Sirrah en 1986.

As an alternative to "technified" systems of suspended illumination, Emilio Ambasz developed this "soft" electrified track system with a triangular fabric shade. This, the Soffio system, was produced by Sirrah in 1986.

Piano

Bellini

El arquitecto a menudo debe elegir entre horribles modelos de focos. Por eso diversas empresas han encargado a algunos profesionales de la arquitectura el desarrollo de diseños más integrables en la arquitectura. El problema de los focos, no obstante, sigue pendiente de ser resuelto.
Propuesta de Renzo Piano, *Le Perroquet* (1999), para iGuzzini, y modelo *Eclipse*, de Erco, diseñado por Mario Bellini en 1986.

Often, architects must choose between horrendous spotlight designs. For this reason a number of companies have commissioned designs from them which are more easily integrated in architecture, although the matter has yet to be fully resolved.
The 1999 Le Perroquet system by Renzo Piano for iGuzzini and the Eclipse for Erco designed by Mario Bellini in 1986.

Antes de su consagración en el Olimpo, Gehry se divirtió de lo lindo dando rienda a su pasión zoomórfica en la colección de lámparas que desarrolló en 1984 para la empresa Formica. Se trataba de experimentar con un nuevo material, el "color-core". Y sin usarlo como lo que es, un aplacado, Gehry se dedicó a destriparlo en escamas y a aprovechar su efecto reflectante.

Before his acceptance into Olympus, Gehry had a whale of a time giving free rein to his zoomorphic passions in the collection he designed for Formica in 1984. With it, he experimented with a new material, Color-Core, and, far from using it for its original purpose, he stripped it down into scales, taking advantage of its reflective qualities.

Andrea Branzi

"La arquitectura radical elabora como iniciativa una nueva relación entre diseño y arquitectura, entendida ya no como una relación de colaboración sino de competencia."

"Radical architecture initiates a new relationship between design and architecture, understood not as collaboration, but as competition."

Branzi

Site

Para presentar un novedoso sistema de iluminación con batería autónoma, Branzí pensó que lo idóneo era usar objetos portátiles, como cubos, cazuelas o sartenes. Presentó la colección en la galería Dilmos de Milán en 1999.

To present an novel system of lighting with an independent battery, Branzi thought it would be a bright idea to use portable objects such as buckets, pots and frying pans. He presented the collection in Milan's Dilmos gallery in 1999.

El grupo Site siempre ha gustado de la ironía, suele dar —literalmente— la vuelta a las cosas. Para una lámpara estaba claro: lo que iba a emitir luz sería el casquillo y no la bombilla. Producida por Foscarini.

The Site group has always liked to have its fun, to (literally) turn things upside down. Its approach to the lamp is therefore obvious: it is the screw fitting which emits the light, not the bulb. Produced by Foscarini.

Hollein

A modo de "ready-made" y con un esfuerzo de sobriedad, Hollein colocó un foco industrial sobre lo alto de una columna para la iluminación de su joyería Schullin 2, en Viena (1982). Después la produjo Baleri.
In the ready-made style, this exercise in sobriety by Hollein places a spotlight at the top of a column to light the Schullin 2 jewellers in Vienna (1982). Subsequently produced by Baleri.

Perrault

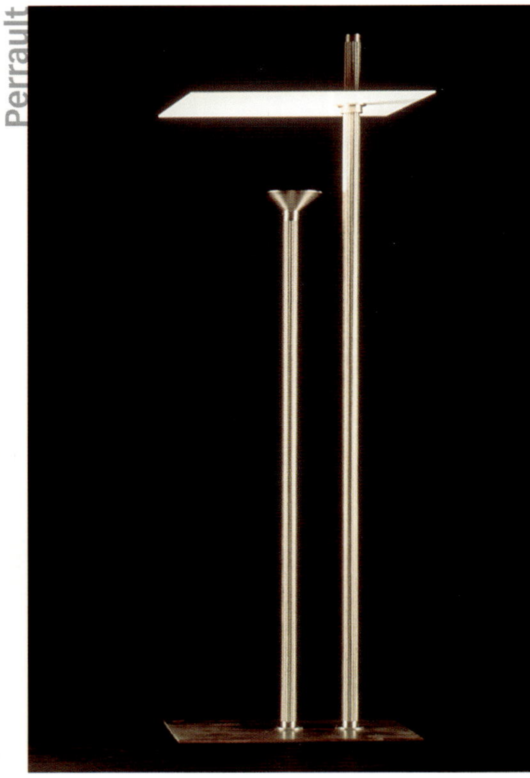

Perrault

Lo que nació como sistema integrado de iluminación y señalización para su gran biblioteca en París ha acabado en producción. Un ingenioso sistema de Perrault, con soporte flexible, editado por Fontana Arte en 2000.
What started as an integrated lighting and sign system for his enormous Paris library has ended up in production. Fontana Arte began production of this ingenious Perrault system with a flexible support in 2000.

Perrault

Dominique Perrault

"Como prolongación natural de la arquitectura, el mobiliario, forma parte del 'genio del lugar' y crea una actividad/ciudad interior con sus calles, sus avenidas, sus plazas, sus esquinas y rincones."

"As a natural extension of architecture, furniture forms part of the 'magic of the place' and creates an interior activity/city with its streets, its avenues, its squares, its street corners and alley ways."

Lámpara de Perrault para la sala de lectura de la Biblioteca Nacional de Francia (1986).
Perrault lamp for the reading room of the French National Library (1986).

Holl

Para su edificio *Kiasma* en Helsinki, el arquitecto americano Steven Holl creó este aplique de pared, asimétrico y adireccional. Fontana Arte lo puso en producción en 2000.
For his Kiasma building in Helsinki, American architect Steven Holl created this wall fitting which is both asymmetrical and adirectional. Fontana Arte started producing it in 2000.

Diseño industrial Industrial design

Albini

Zanuso / Sapper

Weil

El diseño industrial de objetos y maquinaria nunca ha sido el fuerte de los arquitectos, que se han centrado en el mobiliario. Pero han sabido aportar diversas piezas emblemáticas.
Arriba, una revolucionaria radio diseñada por Franco Albini en 1938, donde el armatoste de la caja queda reducido a dos planos de vidrio. En medio, la famosa radio de Brionvega, unos de los primeros productos en plástico ABS de colores, diseño de Marco Zanuso con el célebre diseñador industrial Richard Sapper, de 1964. Abajo, una especie de homenaje "non plus ultra" a la radio de Albini, pero casi medio siglo posterior. Se trata de la "radio-bag", una réplica al severo "high-tech", que demuestra que los componentes de una radio no son cosa muy seria. Diseñada en 1983 por el arquitecto argentino afincado en Londres Daniel Weil.

Industrial design of objects and machinery has never been a strong point for architects, who have concentrated upon furniture. Nonetheless, they have been able to contribute a number of highly emblematic designs.
Above: a revolutionary radio designed by Franco Albini in 1938: the useless casing has been reduced to two sheets of glass. *Centre*: Brionvega's famous radio, one of the very first products in coloured ABS (1964), designed by Marco Zanuso with the celebrated industrial designer Richard Sapper.
Below: a kind of "non plus ultra" tribute to Albini's radio some half a century later: the radio-bag, a severe retort to the hi-tech world which shows that a radio's components are not to be taken too seriously. Designed by the London-based Argentinian architect Daniel Weil in 1983.

Sottsass

Bellini

Starck

La *Valentina* representó una ruptura con el tradicional equipamiento de oficina, rígido y aburrido. Fue diseñada por Ettore Sottsass y lanzada al mercado por Olivetti en 1965. Su particularidad de ser portátil la convirtió en símbolo bohemio de miles de periodistas y universitarios.
Abajo: Mario Bellini diseñó diversos modelos para la empresa Brionvega. Este, de 1990, se titula *Quadro* y no deja lugar a dudas sobre su inspiración formal.
En 1994 Starck decidió meterse en el mundo del electrodoméstico y diseñó entre otros, este modelo, *Jim Nature*, para seducir al publico juvenil y ecologista —la carcasa está compuesta por viruta de madera prensada— e intentar salvar a la división de televisores Saba, adscrita a la empresa Thompson.

The Valentina typewriter represented a break with traditional, rigid and boring office furniture. Designed by Ettore Sottsass and launched by Olivetti in 1965, it was noteworthy for being portable, and soon became the bohemian symbol of thousands of journalists and student.
Below: Mario Bellini designed a number of models for the company Brionvega. This, from 1990, is titled Quadro and leaves no doubt as to the source of its formal inspiration.
In 1994, Starck decided to become involved in the design of electric goods and created, amongst others, this Jim Nature model to attract a youthful and ecological public (the casing is made from compressed chipboard) and to save Thompson's Saba television division.

Eames

Este colgador, al que se le añaden bolas de madera de dos tamaños y diversos colores, fue realizado por los Eames durante su investigación en el soldado de varilla metálica. Fue puesto en producción por Tigrett en 1953 y en la actualidad lo produce Herman Miller.

These clothes hooks were designed by the Eames during their research into metal rods, to which they added wooden balls of two sizes and a variety of colours. They were put into production y Tigrett in 1953 and are currently manufactured by Herman Miller.

Siza

Uno de los gestos habituales de Siza: un simple doblez en cada material, que sirve esta vez como apoyalibros. *Soporte O*, producido por DDI en 1994.

One of Siza's habitual trademarks, simple folding of material, is used here to form book ends. The Soporte O, produced by DDI in 1994.

Mendini

Esta esquematización de la novia de Mendini como sacacorchos, *Ana G*, nació en 1994 como un divertimento, y acabó en producción hasta convertirse en el "best-seller" de Alessi de finales de los 90, en coincidencia con la eclosión comercial del "gadget".

This schematisation of Mendini's girlfriend as a corkscrew, the Ana G, started life in 1994 as a divertimento and ended up as a runaway best seller for Alessi at the end of the nineties, coinciding with the gadget boom.

Ambasz

Ambasz

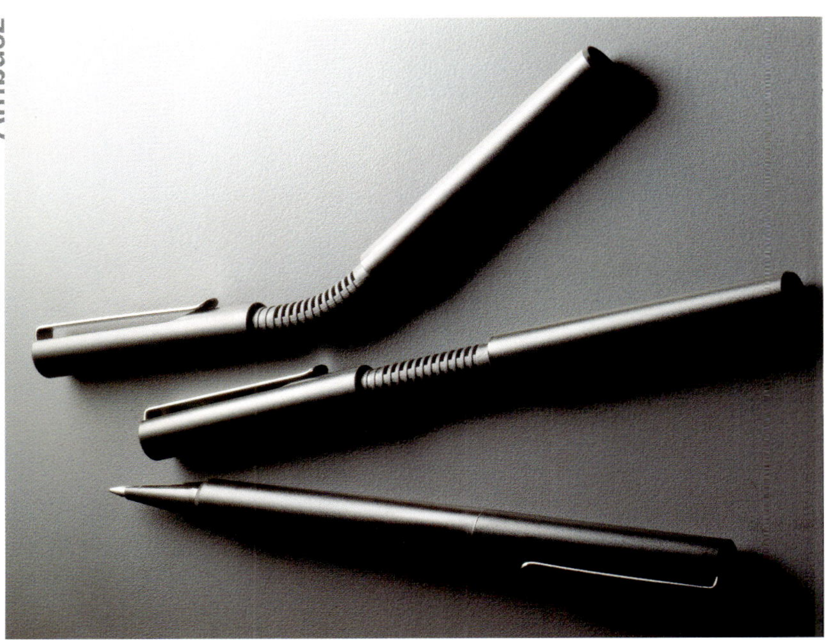

Arriba, Emilio Ambasz se anticipa al futuro más inmediato: la televisión blanda de bolsillo. Una cartera que, al abrirse, ofrece una pantalla plana en miniatura. Forma parte de una serie de prototipos denominados *Soft Series*, desarrollados en Italia. Abajo, también de Ambasz, colección de bolígrafos *Flexiboll Ballpoint*, para la empresa japonesa Pentel. Pensados para la gente joven, está inspirada en la anatomía humana y se adapta a la curvatura de los bolsillos.

Above: Emilio Ambasz's preview of what is to come. The soft pocket television: a wallet which, when opened, displays a miniature screen. It forms part of a series of prototypes named Soft Series and was developed in Italy.
Below: also by Ambasz, the Flexiboll Ballpoint collection for the Japan company Pentel. Designed with the younger generation in mind, it is inspired by human anatomy and adapts to the curve of one's pockets.

Relojes Clocks and watches

Sottsass

Hollein

Isozaki

Graves

Botta

A la hora de diseñar relojes, los arquitectos se han mostrado bastante recatados; con el tiempo no se juega.
En la fila de arriba, modelos de 1988 para Cleto Munari, de Sottsass, Hollein, Isozaki y Graves.
Abajo reloj *Eye*, de Mario Botta para Alessi, en su versión de sobremesa (1989). "Es un objeto-arquitectura autónomo —dice el autor— con una imagen propia, con un espacio propio, con un funcionamiento propio."

Architects have shown a certain amount of caution when it comes to designing watches and clocks. Time is not to be trifled with.
The top row features Cleto Munari models by Sottsass, Hollein, Isozaki and Graves.
Below: the tabletop version of the Eye clock by Mario Botta (1989). According to its designer, it is "an autonomous object/work of architecture, with its own image, its own space, its own workings."

Meier

El Meier Standing Clock, es un elegante reloj de 1,95 cm de altura, una especie de escultura De Stilj —pero blanca, por supuesto— que también da la hora. Producido por Morphos-Acerbis en 1996.

The Meier Standing Clock is an elegant, 1.95 cm-high timepiece: a kind of De Stijl sculpture–but white, of course–and it also tells the time. Produced by Morphos-Acerbis in 1996.

Richard Meier

"El blanco es el emblema efímero del movimiento perpetuo ... El blanco es la luz, el medium del conocimiento y el poder transmutativo."

"White is the ephemeral emblem of movement, perpetual movement. White is light, the medium of knowledge and transmutative power."

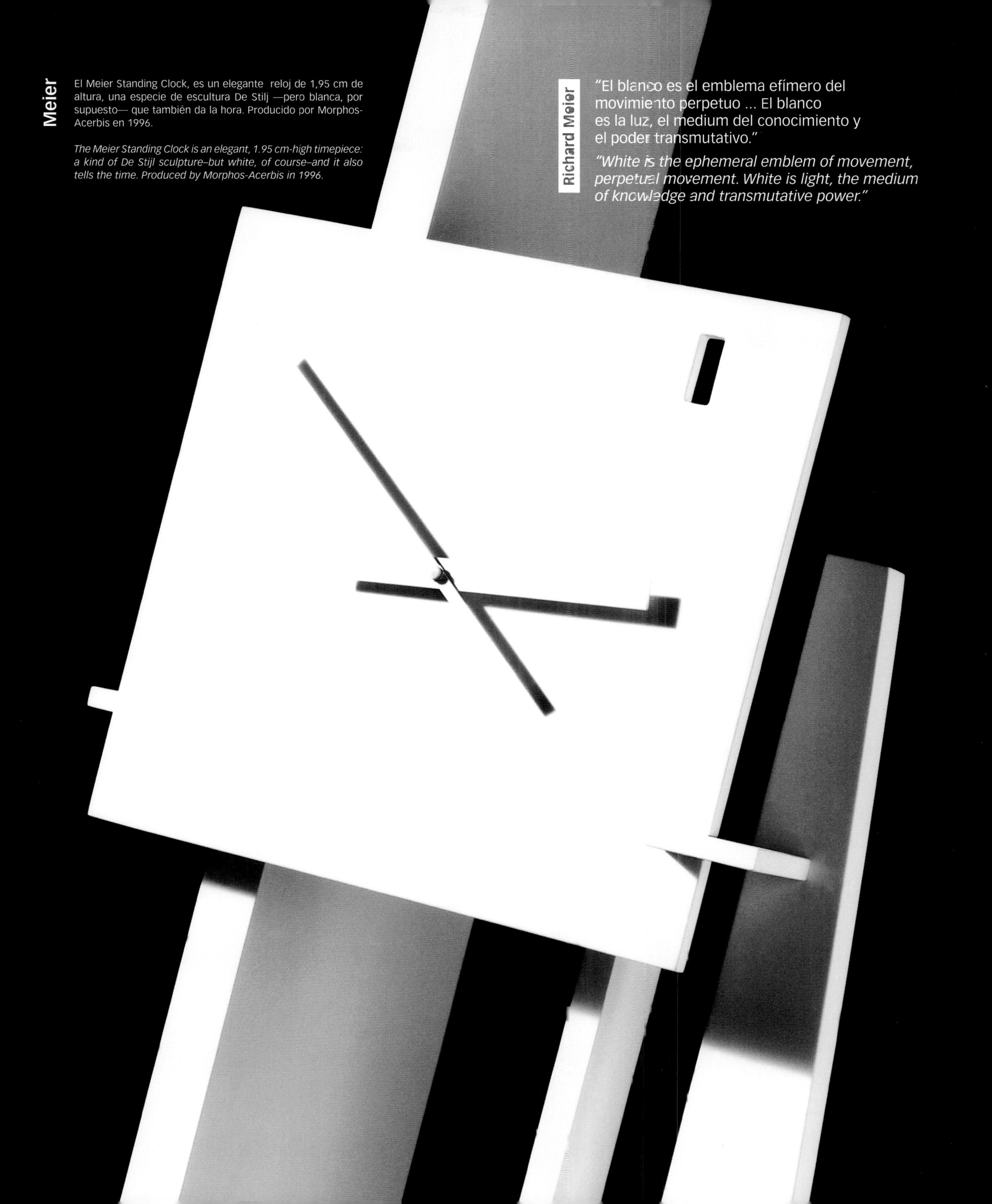

Relojes Clocks and Watches

Weil

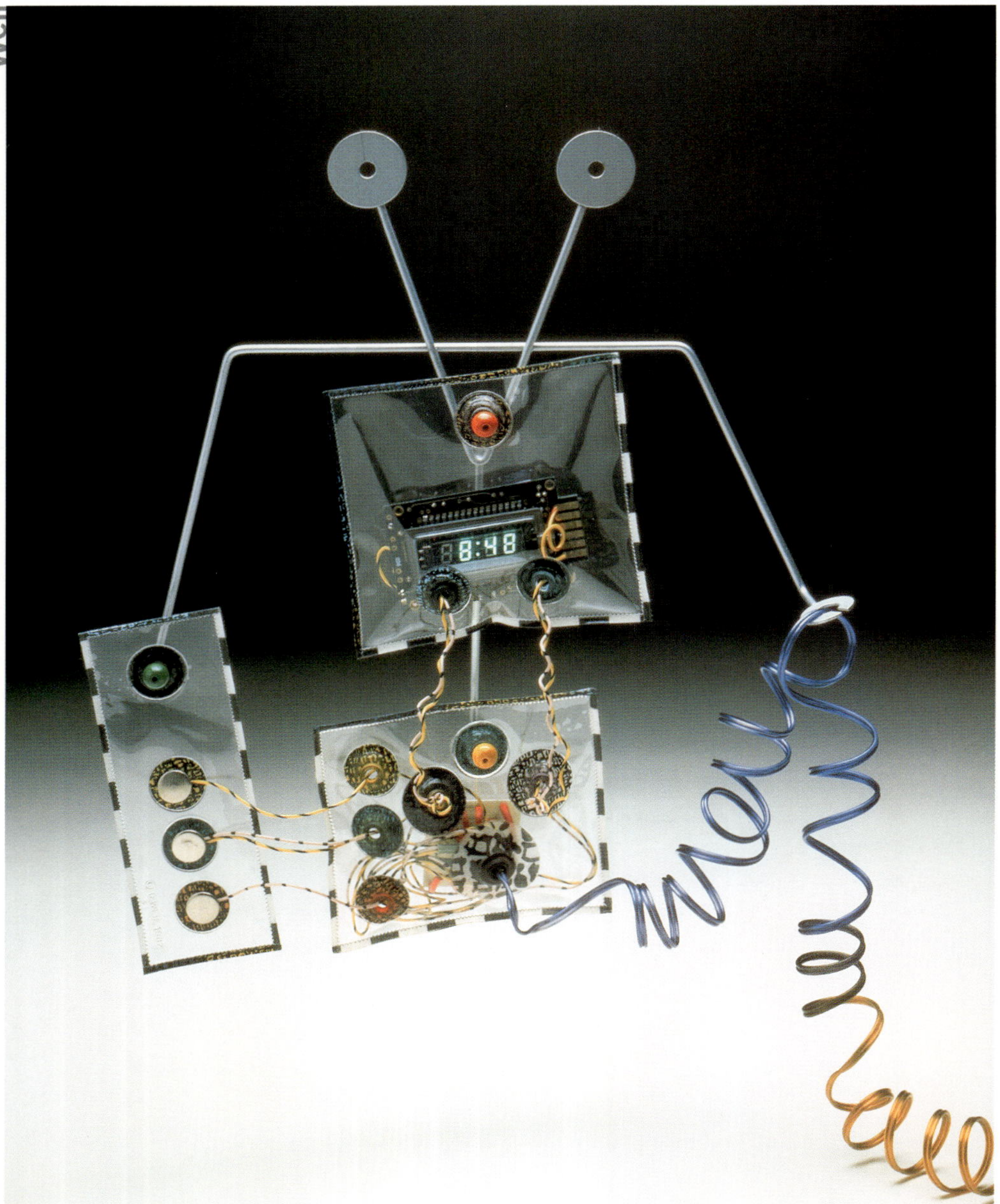

Venturi / Scott Brown

Graves

Relojes menos serios. El denominado *Andante* (1982) forma parte de la desmitificación de los objetos electrónicos emprendida por Daniel Weil. Con los circuitos impresos, los "leds" y los cables parece que sí se puede jugar. También juguetona es la propuesta de los Venturi para el reloj de cuco producido por Alessi en 1988. "Lo hemos hecho reduciendo su cualidad artesana, abstrayendo su forma, aumentando su escala e intensificando su color…" Como un pequeño edículo, el *Mantel Clock,* de Graves, es producido por Alessi desde 1988. "Al diseñar este reloj de péndulo —dice Graves— me interesaba en particular indagar sobre la larga tradición que ve los manufacturados como arquitectura en miniatura".

Less serious timepieces. The 1982 Andante clock forms part of the process of demystifying electronic objects commenced by Daniel Weil. Let's go and play with our LEDs, wire and printed circuits.
Another playful proposal of the Venturis is this 1988 cuckoo clock for Alessi. "We have reduced its craftsmanlike qualities, making its form abstract, increasing its scale and intensifying its colour..."
This small edifice, the Mantel Clock, by Graves, has been produced by Alessi since 1988."When designing this pendulum clock", says Graves, "I was particularly interested in examining the long tradition of seeing manufactured goods as miniature architecture".

Rossi

"El arquitecto —asegura Rossi— ha asumido el reloj como un elemento de la arquitectura; y en cierto sentido, eso equivale al efecto de la luz y de la sombra, y es, por así decirlo, un concentrado del tiempo de una arquitectura." El *Momento* —editado por Alessi (1987)— recuperó el reloj de cadena, entonces en desuso, que se convirtió internacionalmente en el reloj "de arquitecto". Arriba, una versión gigante editada en 1993.
"The architect", claims Rossi, "has taken over the clock as an architectural element and, in a way, this is equivalent to the interplay of light and shade and, is, shall we say, the essence of an architectural time". The Momento watch, produced by Alessi (1987), recovered the almost forgotten fob watch and made it the international "architect's watch". *Above*: a giant version produced in 1993.

Rossi

Diseño industrial Industrial design

Gaudí

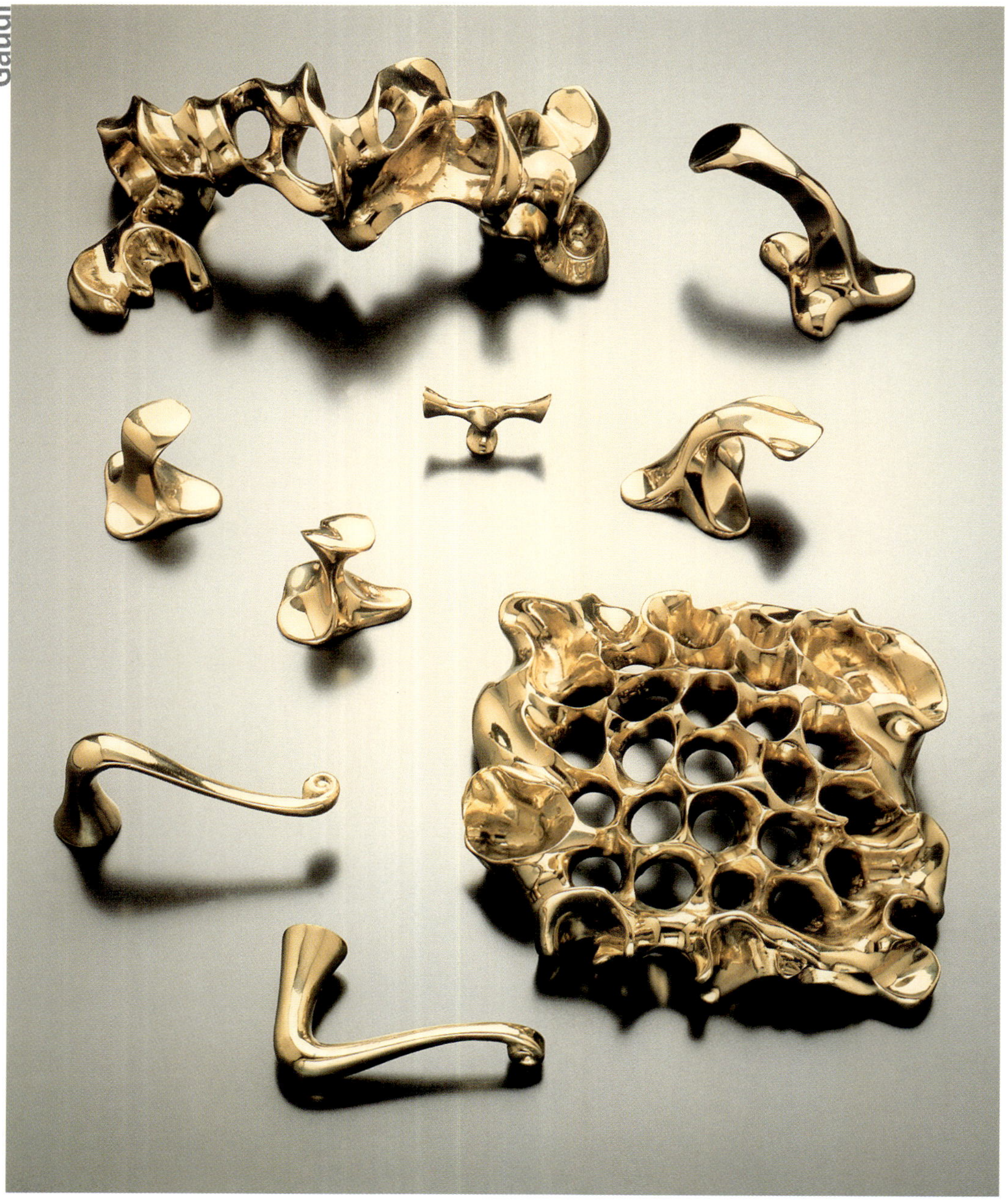

Esta colección de complementos para puertas fue moldeada literalmente con las manos —las de Gaudí o las de alguno de sus colaboradores— en una materia plástica que después sirvió de molde para su fundición en latón. La mirilla, a modo de panal, está perforada con los dedos. Fiel reproducción de B.D. Ediciones de Diseño, que la edita desde 1977.

This collection of door fittings was literally hand-moulded by Gaudí or one of his collaborators in a pliable material, which would then be used as a mould for brass casting. The honeycomb spyhole was perforated with the fingers. A faithful reproduction by B.D. Ediciones de Diseño, issued since 1977.

Ponti

BBPR

Portoghesi

Diversas manecillas de arquitectos italianos producidas por la empresa Olivari. El modelo *Lama*, de Gio Ponti (1954); la manecilla para las puertas de la Torre Velasca en Milán, de Banffi, Belgiojoso, Peressutti, Rogers (B.B.P.R.), de 1956; y el reciente modelo *Icaro*, de Paolo Portoghesi.

Different door handles produced by Italian designers for the company Olivari. The Lama by Gio Ponti (1954), the handle for the doors of the Torre Velasca in Milan by Banffi, Belgiojoso, Peressutti, Rogers (B.B.P.R.) from 1956, and the more recent Icaro by Paolo Portoghesi.

Gropius

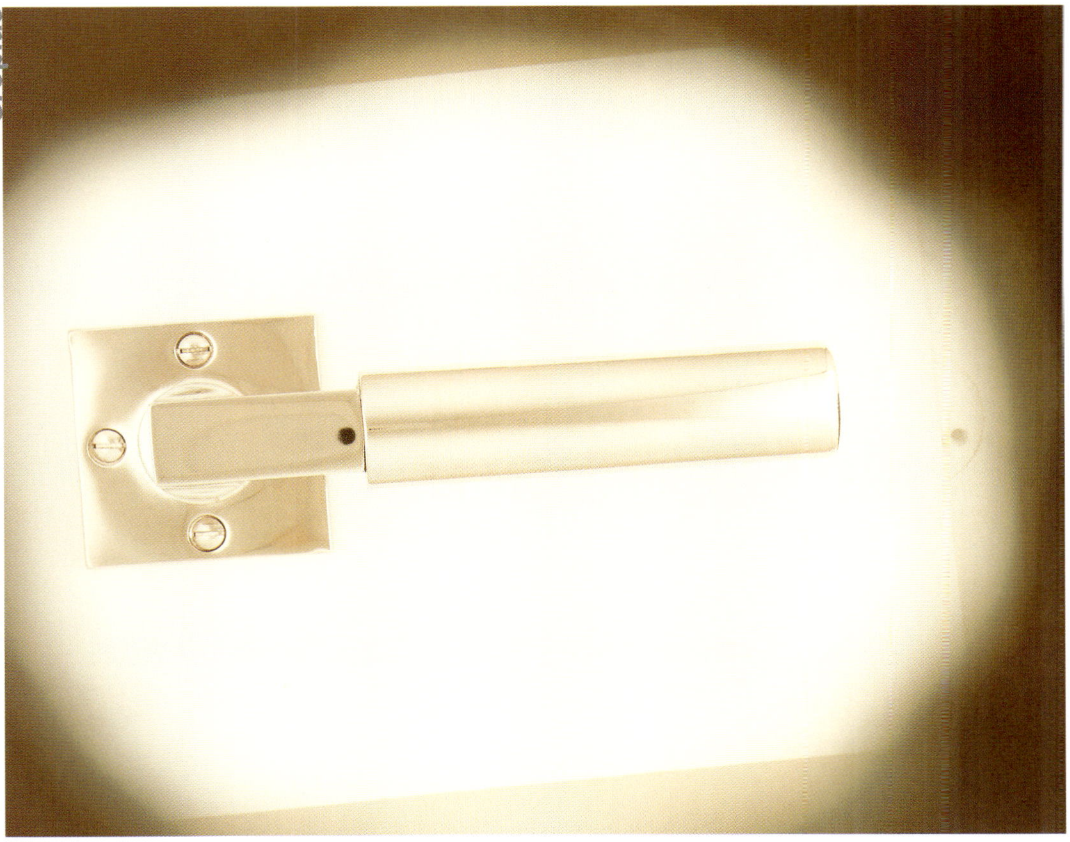

Mendini

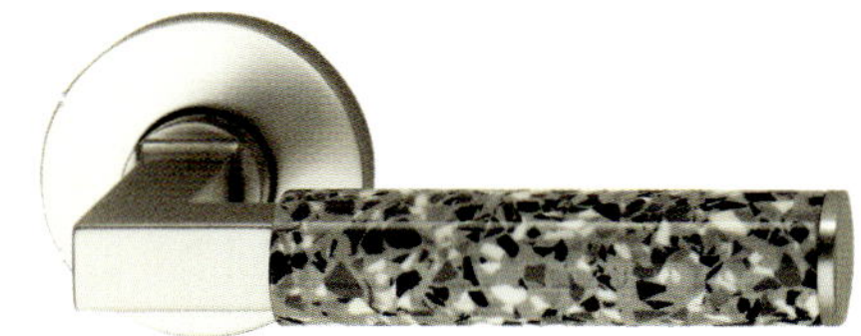

Podemos considerarla la primera manecilla "moderna" de la historia; fue diseñada por Walter Gropius para la fábrica Fagus y es todo un ejercicio de desnudez constructiva. Las formas cuadradas se suavizan en un cilindro para su empuñadura. Producida en 1923 por Loewy, y por Tecnolumen desde 1989.

En 1984 Mendini rindió un irónico homenaje al maestro decorando el mango con "terrazzo tutti-frutti". Producida por FBS.

This may justifiably be seen as the first "modern" door handle, and was designed Walter Gropius for the Fagus factory: a breathtaking exercise in constructive nudity. Its squared shape smoothes into a cylinder to fit the hand. Produced in 1923 by Loewy and by Tecnolumen since 1989.

In 1984, Mendini played an ironic tribute to the Master by decorating the handle with tutti-frutti terrazzo. Produced by FBS.

"¡El objetivo último de todas las artes visuales es el edificio completo!... Arquitectos, pintores y escultores deben aceptar de nuevo, y aprender a captar el carácter compuesto de un edificio tanto como entidad como en sus partes constituyentes..."

W. Gropius

"The ultimate aim of all visual arts is the complete building! Architects, painters, and sculptors must recognise anew, and learn to grasp, the composite character of a building both as an entity and in its component parts."

Botta

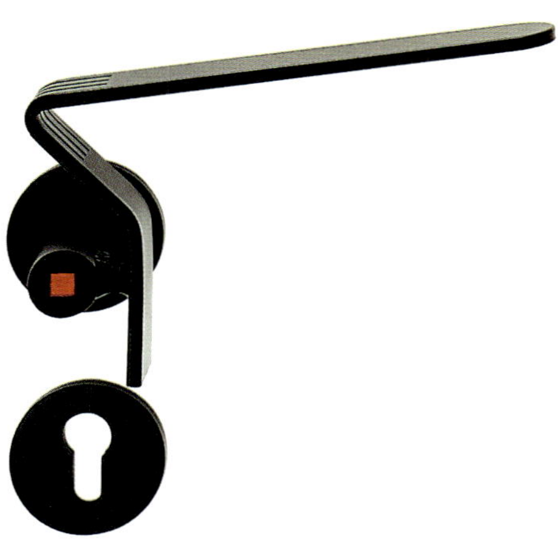

Una simple pletina doblada es la propuesta de Mario Botta para esta manecilla, el modelo *1104*, de FSB.

A simple folded piece of sheet metal: Mario Botta's design for this Model 1104 handle for FSB.

Starck

En coherencia con su tic flamígero, Starck diseñó la manecilla *Apriti*, en aluminio, para Ros Kleis (1991).

In line with his flame theme, Starck designed this Apriti handle in aluminium for Ros Kleis (1991).

Graves

Zanuso

Aulenti

Los lavabos e inodoros, habituales complementos de la construcción, han sido pocas veces elaborados por los propios arquitectos. Arriba, a la derecha, colección *Dreamscape* (2000), presentada por Michael Graves en un completo programa de baño para Hoesch, Duravit y Dorn Bracht. A la derecha, modelo de Marco Zanuso. Abajo, colección de Gae Aulenti.

Wash basins and toilets, common features of the building trade, have rarely been graced by architect design. *Top left*: the 2000 Dreamscape collection presented by Michael Graves as a complete bathroom range for Hoesch, Duravit and Dorn Bracht. *Right*: a Marco Zanuso model. *Bottom*: collection by Gae Aulenti.

Jacobsen

"La mas bella hacha de piedra que se exhibe en el museo arqueológico es también la más práctica. Esto lo sabe todo el mundo" dijo Jacobsen. Algo semejante podría decirse de este novedoso sistema de grifería, *Vola*, precursor del monomando mezclador de agua caliente y fría, que fue ideado por el autor en 1968 y que sigue pareciendo el más moderno del mercado.

"The most beautiful stone axe on exhibition in the Archaeology Museum is also the most practical. Everyone knows that", said Jacobsen. Something similar could be said of this novel Vola tap system, precursor of the single mixing head for both hot and cold water, which was conceived by the designer in 1968 and still seems the most modern on the market.

Graves

Grifería *Dreamscape*, diseño de Michael Graves para la empresa alemana Dorn Bracht (2000).

Dreamscape taps, designed by Michael Graves for the German company Dorn Bracht (2000).

Arne Jacobsen

"La recompensa, es ver cómo crece el objeto, cómo se empieza por un tosco diseño y se acaba viendo que los detalles se convierten en una realidad. Es la actividad creativa en si misma lo que sirve de recompensa. Es igual de excitante si se trata del diseño de una pequeña cuchara de té o de un banco nacional."

"The recompense is seeing how the object grows, how it starts from a rough design and how, in the end, you see all the details becoming reality. It is the creative activity in itself that is the recompense. It's just as exciting whether it is the design of a tea-spoon or a national bank."

Lloyd Wright

Tusquets

Gwathmey / Siegel

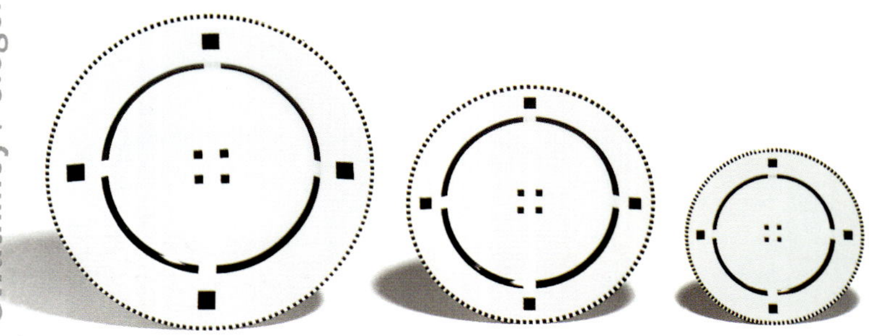

Arriba: Wright diseñó el mobiliario, las luminarias, la vajilla, las teteras... para el Hotel Imperial de Tokio (1913-23). La cerámica está decorada con sus característicos motivos geométricos. Tusquets decidió que el plato debía dejarse impoluto para que fuese el "chef" el que "decorase" su superficie con la comida. Pero no supo resistirse a intervenir. El reverso de la vajilla está pintado de rojo para reflejar una cálida aura sobre el mantel. Vajilla *Victoria*, para Driade de 1991.
En el centro, platos decorados "modernamente" por Gwathmey & Siegel para Swid Powell en 1985.

Above: For Tokyo's Imperial Hotel (1913-23) Wright designed the furniture, the lighting, the dishes, the teapots, and more. This chinaware is decorated with his characteristic geometric motifs. Tusquets decided to leave the plate unadorned, allowing the chef to "decorate" its surface with food. However, he couldn't help doing something, and so the underside is painted red to reflect a warm glow onto the tablecloth. Victoria crockery for Driade (1991).
Centre: Plate with "modern" decoration by Gwathmey & Siegel for Swid Powell (1985).

Gropius

Un año antes de morir, en 1968, a los 85 años, Gropius diseñó, con la colaboración de L. McMillen, *Tac 2*, un servicio de té en porcelana para la empresa Rosenthal.

In 1968, aged 85 and a year before his death, Gropius designed, in collaboration with L. McMillen, this Tac 2 tea set in porcelain for the company Rosenthal.

Loos

Hoffmann

Meier

Aalto

El vidrio ha sido un material que ha fascinado siempre a los arquitectos en su obras. Sin embargo, han mostrado poca inventiva cuando se trata de usarlo en escala pequeña. Arriba, botella diseñada en cristal de roca por Adolf Loos en 1929 para la empresa vienesa J. & L. Lobmeyr, que la sigue editando con diversas variantes. Al lado, de su compatriota Josef Hoffmann y para la misma empresa, cristalería *Bronzitdecor* (1910), en claro estilo secesionista.

En la fotografía pequeña, vasos decorados por Meier con el sistema de tallado sobre el cristal. Editados por Swid Powell en 1987.

A la derecha, el diseño más famoso de Aalto y uno de los referentes del diseño en vidrio del siglo. Se trata del florero *Savoy*, para el restaurante del mismo nombre, presentado en la Exposición Universal de París de 1936. Unos dicen que se inspiró en la forma de los lagos finlandeses; otros, en la forma de un hielo deshaciéndose sobre la mesa. Lo produce la empresa Iittala, que también edita diseños de Aino Aalto, esposa de Alvar y ferviente promotora del diseño en el estudio.

Glass has always been a source of fascination for architects in their building works. On a smaller scale, however, they have not been so inventive. *Top left*: Rock crystal bottle designed by Adolf Loos in 1929 for the Viennese firm J.&L. Lobmeyr, various versions of which continue to be produced. *Top right*: A design by his compatriot Josef Hoffmann for the same company: the 1910 Bronzitdecor, in a clear Secessionist style. *Above*: Glasses decorated by Meier by cutting directly onto the surface. Produced by Swid Powell in 1987

Right: Aalto's most famous design, and one of twentieth-century glass design's obligatory points of reference: the Savoy vase, for the restaurant of the same name, which was presented at the 1936 Paris Universal Exhibition. Some say he was inspired by the shape of Finnish lakes, others by an ice cube melting on a table. Produced by the company Iittala, which also produces designs by Aino Aalto, wife of Alvar and fervent advocate of studio design.

Sobremesa Tableware

Lloyd Wright

Hoffmann

Saarinen

Arriba, servicio de té y café en plata, diseñado por Wright para el Hotel Imperial de Tokio (1923). Abajo, a la derecha, uno de los muchos juegos completos de té y café diseñados por Hoffmann en 1928 durante los Vienner Werkstätte y que se conserva en el MAK Museum de Viena. A la derecha, el samovar de Eliel Saarinen —padre de Eero— diseñado en 1933 y puesto en producción por Alessi en 1987.

Top: Silver tea and coffee service designed by Wright for Tokyo's Imperial Hotel (1923). *Below left*: one of the many complete tea and coffee sets designed by Hoffmann in 1928 during the Vienner Werkstätte and conserved in the MAK Museum in Vienna. *Below ight*: The samovar designed in 1933 by Eliel Saarinen—father of Eero—and put into production by Alessi in 1987.

Jacobsen

Malevich

El arquitecto suprematista Malevich diseñó entre 1918 y 1923 este conglomerado metálico inspirado en una locomotora, que, al parecer, es una tetera, reeditada por Cleto Munari en los 80. Jacobsen, mucho más pragmático e interesado en la producción en serie, creó la *Cylinda-line* (1967) para Shelton, y con ella abrió un territorio estético vedado hasta al fecha por el decorativismo. Más recientemente Zaha Hadid ha pasado por su filtro "inclinante" un juego de té y café hasta obtener estas esculturas de sobremesa. Producción en plata para Sawaya & Moroni.

Above: Between 1918 and 1923, the Suprematist architect Malevich designed this metal device, apparently a teapot, inspired by a locomotive. Reproduced by Cleto Munari in the eighties. Jacobsen, much more pragmatic and interested in mass production, created the Cylinda line for Shelton in 1967, opening up aesthetic terrain hitherto dominated by Decorativism. More recently, Zaha Hadid put a tea and coffee set though his leaning machine to produce these tabletop sculptures. Produced in silver by Sawaya & Moroni.

Hadid

Sobremesa Tableware

Hollein

Rossi

Venturi

Yamashita

Meier

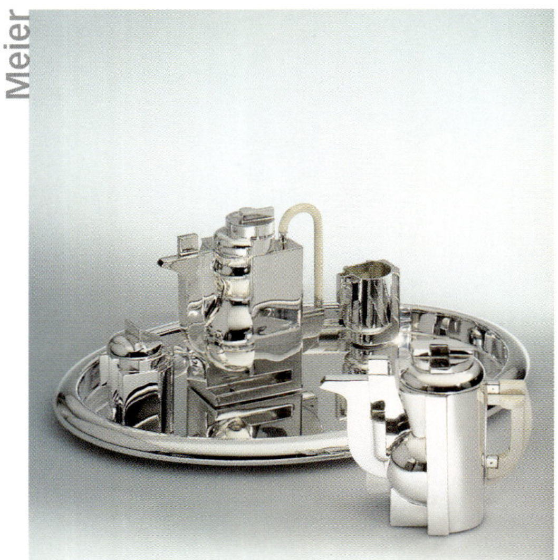

Portoghesi

Tusquets

Graves

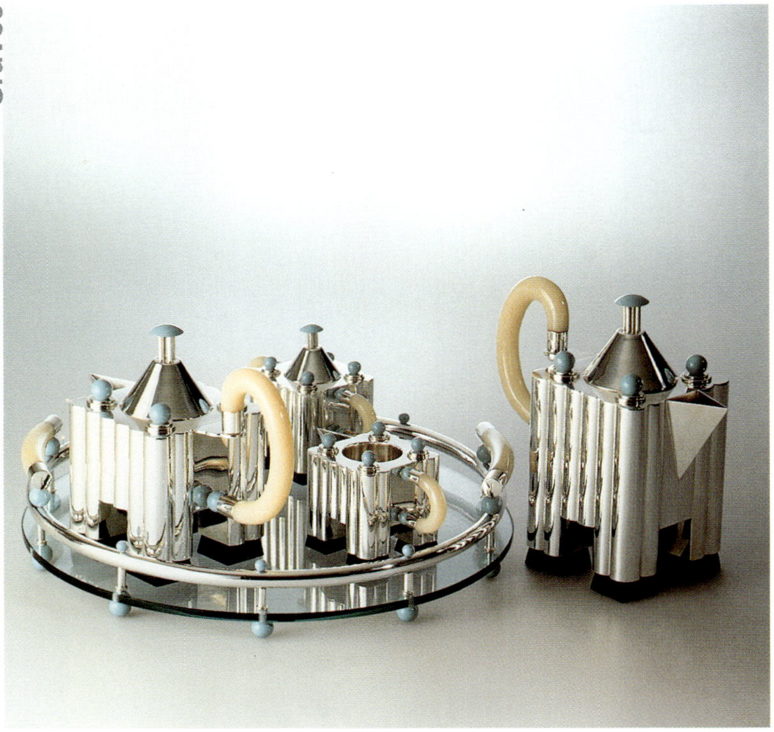

Mendini

En 1979 Alessandro Mendini invitó a once arquitectos de todo el mundo a diseñar un juego de té y café en plata. El experimento de Alessi pretendía indagar en el concepto de "paisajes domésticos" de la mano de reputados arquitectos, que aprovecharon la ocasión para retratarse: Hollein insistió en una de sus obsesiones, los portaaviones; Rossi encerró una aceitera en un pequeño edificio; Venturi evocó los modelos tradicionales; Yamashita jugó con los volúmenes puros; Meier intentó emular a Malevich; Portoghesi encajó una pequeña ciudad; Tusquets recuperó el pico alargado con un engendro bivalvo; Graves elaboró una tarta decorada; Mendini partió de piezas geométricas básicas para componer todo el juego; Tigerman se dejó llevar por el figurativismo escultórico y Jencks ironizó —suponemos— con su sambenito posmoderno proponiendo un muestrario de columnas. Una buena foto de familia del panorama arquitectónico de los 80.
Se realizó una edición de 99 ejemplares, numerados y firmados —cual obra de arte—, de cada juego. Con una excepción, el modelo de Tusquets, que fue el único pensado para la posterior producción en serie, a precio asequible, y que se encuentra en el catálogo de Alessi desde 1984.

In 1979, Alessandro Mendini invited eleven architects from around the world to design a silver tea and coffee set. The aim of Alessi's experiment was to investigate the concept of "domestic landscapes" with the assistance of renowned architects who took advantage of the occasion to provide a portrait of themselves: Hollein carried on with one of his obsessions, the aircraft carrier; Rossi shut an oil bottle in a small building; Venturi evoked traditional models; Yamashita played with pure volumes; Meier attempted to emulate Malevich; Portoghesi produced a small city; Tusquets revived the long spout protruding from a bivalve creation; Graves made a decorate cake; Mendini started on the basis of basic geometric parts to make up the entire set; Tigerman got carried away by sculptural Figurativism and Jencks poked fun (we would guess) at his Postmodernist label with his range of columns. A good group photo of the architectural panorama of the eighties.
Ninety-nine examples of each were produced, numbered and signed like works of art. With one exception, Tusquets design, which was the only one designed for subsequent mass production at an affordable price. It has been in Alessi's catalogue since 1984.

Tigerman

Jencks

Sobremesa Tableware

Jacobsen

Tusquets

Este candelabro de tres esferas unidas y combinable, fue diseñado por Jacobsen en los años 60. A la derecha, un divertimento de Tusquets, el candelabro *Salvador*, en homenaje a Dalí, está formado por cera derretida solidificada en bronce sobre la que se va superponiendo la cera de la vela que está en uso. Producido por Driade desde 1990.

Abajo, una jarra de Carlo Scarpa recubierta en oro y un servicio de cubertería de 1978 para Cleto Munari. Sobre las piezas de esta cubertería, Mollino escribió: "tienen un aspecto formalmente impecable y refinado, pero en cambio nada tienen que ver con un progreso funcional", en alusión a su escasa ergonomía.

This candlestick, consisting of three joined and combinable spheres, was designed by Jacobsen in the sixties. *Right*: a divertimento by Tusquets: the Salvador candlestick, a tribute to Dalí, is formed by melted wax solidified in bronze, to which is added the molten wax dripping from the candle when in use. Produced by Driade since 1990.

Below: A gold-plated jar by Carlo Scarpa and cutlery from 1978 for Cleto Munari. About this cutlery, Mollino wrote: "It has an impeccable, refined formal aspect but, on the other hand, it has nothing to do with functional progress", thereby alluding to its poor ergonomics.

Scarpa

Hoffmann

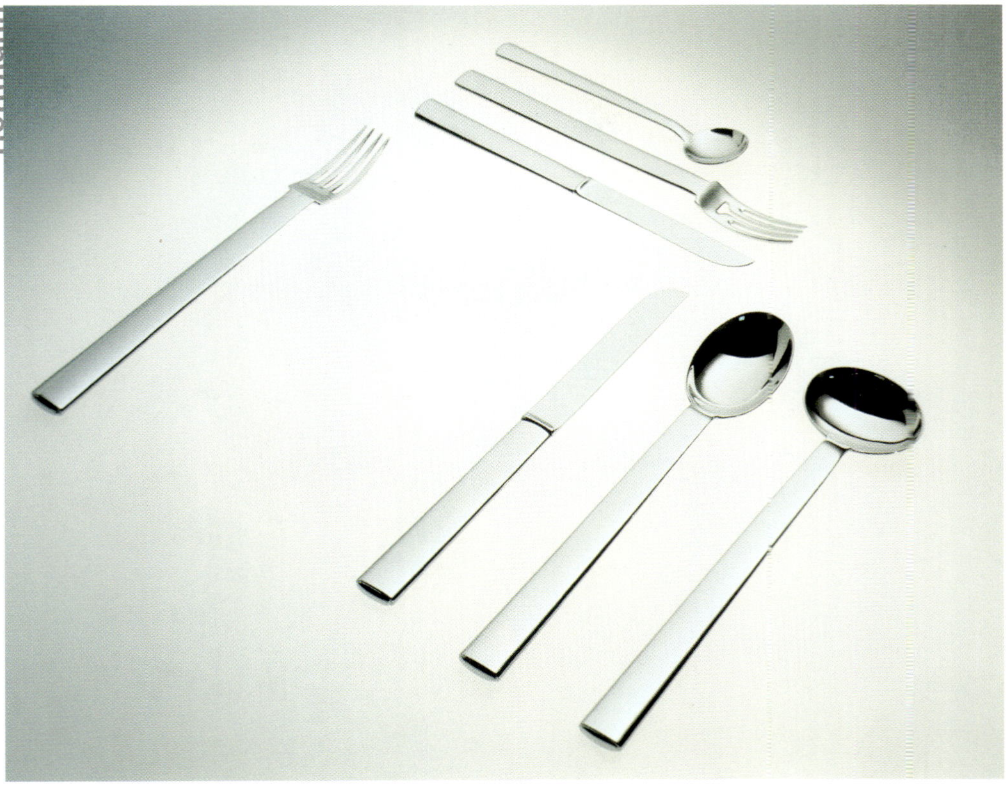

Site

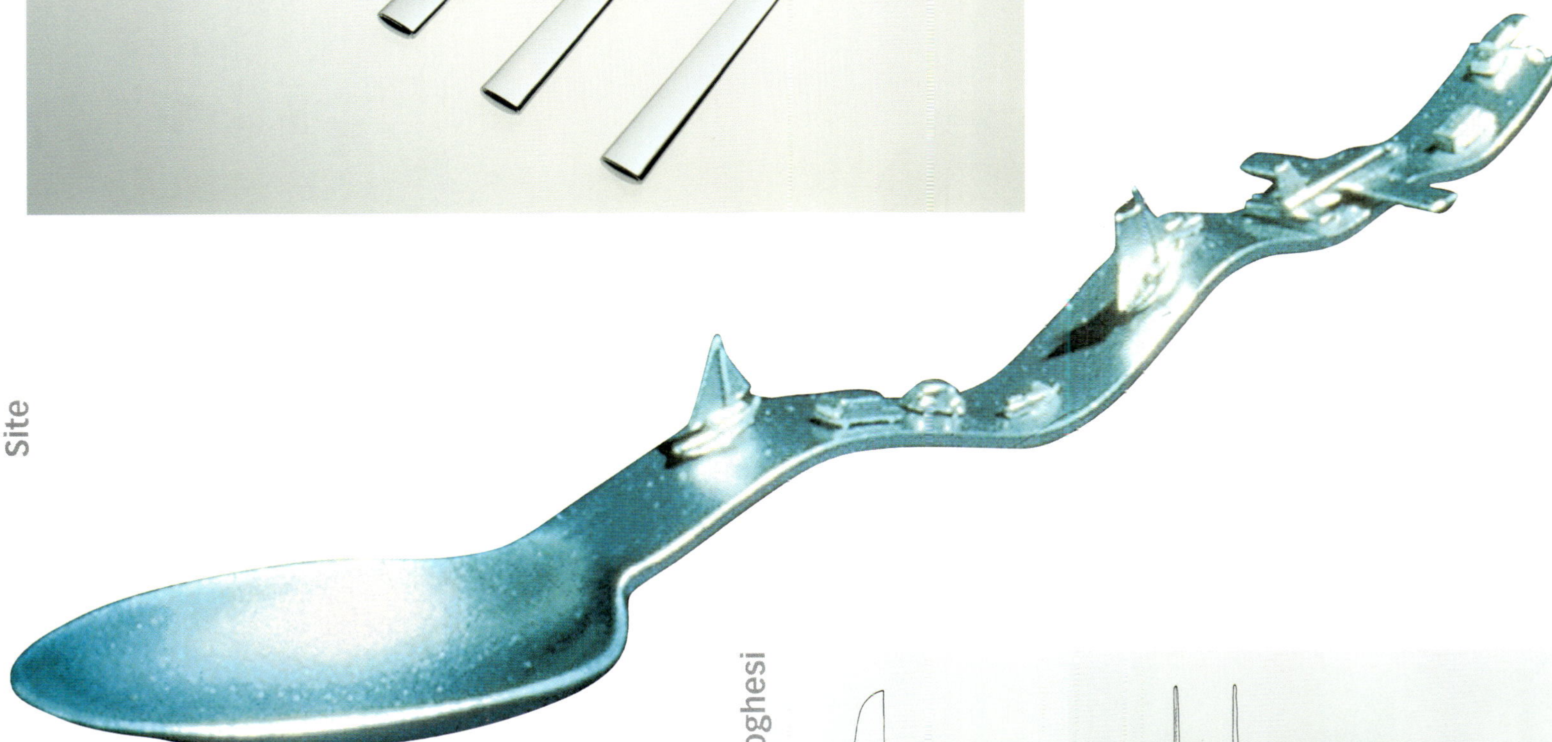

Portoghesi

"De la cuchara a la ciudad" afirmó Rogers para definir el campo de actuación del arquitecto. Hoffmann diseñó nada menos que 37 piezas para la cubertería *Rundes Modell* (1906), utilizada en el cabaré Fledermaus. Es singular la propuesta de cuchara para el consomé, con la copa girada respecto a la larga empuñadura. Alessi reeditó este servicio en 1999.
En el medio, una curiosidad, la reproducción del proyecto del Grupo Site para la Exposición Universal de Vancouver, Canadá, de 1986. La carretera ondulada llena de vehículos se ha convertido en la empuñadura de la cuchara.
Colección de cubiertos, con el peculiar facetado lineal de Portoghesi, para Cleto Munari (1981).
"From the spoon to the city": this is how Rogers defined the architect's field of work. Hoffmann designed no less than 37 items for the Rundes Modell cutlery set used in the Cabaret Fledermaus in 1906. Especially curious is the consommé spoon, with the bowl turned at right-angles to the long handle. Alessi revived the set in 1999.
Centre: A real curio. A reproduction of the Site Group project for the Vancouver Universal Exhibition of 1986. The undulating road full of vehicles has been converted into the handle of a spoon.
Cutlery collection with an original lined motif by Portoghesi for Cleto Munari (1981).

Sobremesa Tableware

Alessandro Mendini

"...Siempre me ha gustado mirar la escala de las cosas de forma ´errónea´... cosas grandes que se vuelven pequeñas y cosas pequeñas que parecen grandes... y después poner cosas pequeñas convertidas en grandes junto a cosas grandes hechas pequeñas... y luego ponerlas junto al hombre... así incluso él pierde la proporción y las referencias resultan insólitas... y no se entiende bien qué pasa... si somos grandes o pequeños..."

"I have always enjoyed looking at the scale of things in a 'erroneous' way—big things which become small and small things which look big—and then putting small things which have become big next to big things which have become small and then putting them next to man. Doing this, even man loses proportion, the references become astonishing and you don't understand very well what's going on, whether we are big or small."

Graves

Rossi

Mendini

En la Bienal de Venecia de 1980, Mendini, junto con Paola Navone, Daniela Puppa y Franco Ragi, presentaron la exposición *El objeto banal*, y entre otras piezas, esta cafetera —la tradicional *Bialetti*—, deformada y coloreada. Ese mismo año se presentó también la *Strada Novissima*, que anunció la posmodernidad.
Arriba, el archiconocido hervidor de Graves, con un pajarito que silba cuando el agua hierve. Llegó a ser uno de los éxitos de ventas de Alessi a finales de los 80, y su funcionalidad es mayor que la que aparenta: gran base para aprovechar el fuego, una asa que nunca quema y una tapa cómoda. Según Graves, "la sabiduría de la empresa está en haber entendido que un hervidor puede ser mucho más que un simple objeto funcional para calentar el agua, y que puede incluso llegar a asumir valor de icono".
Como el resto de sus cafeteras-torre, este diseño de cafetera a presión encaja con el vocabulario arquitectónico de Rossi. Producida por Alessi desde 1995.
A la derecha, un diseño "contranatura" de Rossi: *La Cúbica*. Aunque para la cocción se recomiende una superficie cilíndrica sin esquinas, Rossi quiso "cubicar" el artefacto, en clara elucubración arquitectónica. Producido —¿y vendido?— por Alessi desde 1991.

At the 1980 Venice Biennale, Mendini, together with Paola Navone, Daniela Puppa and Franco Ragi presented "The Banal Object" exhibition, which included this deformed and coloured Bialetti coffee pot. In the same year, the "Strada Novissima" was presented, heralding the arrival of Postmodernism.
Top: Graves' famous kettle, whose birdy whistles when the water boils. It was a best-seller for Alessi at the end of the eighties and is more functional than might appear to be the case: its wide base gathers in as much heat as possible, the handle stays cool and the lid is easy to use. According to Graves "the cleverness of the concept is realising that a kettle can be so much more that a simple functional object to boil water, and can even assume the role of icon".
As with the rest of his tower coffee pots, this cafetière fits perfectly with Rossi's architectural vocabulary. Produced by Alessi since 1995.
Right: A anti-natural Rossi design, La Cúbica. Although a cylindrical cornerless shape is recommended for boiling, Rossi wished to "cubify" this item in a clear architectural lucubration. Produced (and maybe even sold) by Alessi since 1991.

Mobiliario urbano Street furniture

Miralles

Clotet / Tusquets

Fue el último diseño de Enric Miralles y Benedetta Tagliabue antes del fallecimiento del primero en 2000. Se trata de una alternativa al banco urbano, una especie de alfombra rectangular ondulada de hormigón apoyada sobre un aspa. Producido por Escofet.

The last Enric Miralles and Benedetta Tagliabue design before the former's death in 2000. This alternative to the classic urban bench is a sort of rectangular undulating concrete rug supported by a crosspiece. Produced by Escofet.

El banco perfecto: no se calienta en verano, no se enfría en invierno, cuando llueve se seca enseguida, se adapta al cuerpo humano, es barato, resistente y, sobre todo, no contamina el paisaje urbano porque es casi transparente. Su silueta se inspira en la del famoso banco del Parque Güell de Gaudí. El banco *Catalano*, diseñado en 1975 por Tusquets y Clotet, está producido por B.D. Ediciones de Diseño.

The perfect bench: it does not get hot in summer or cold in winter, dries almost immediately after rain, fits the human body, is cheap, strong and, above all, is not intrusive due to the fact that it is almost transparent. Its outline is inspired by Gaudí's famous Park Güell bench. The bench (the Catalano), designed in 1975 by Tusquets and Clotet, is produced by B.D. Ediciones de Diseño.

Moneo

Moneo

Dos diseños urbanos de Rafael Moneo: arriba, la papelera *Belluga*, ideada para la remodelación de la plaza del mismo nombre en la ciudad de Murcia, España, realizada en fundición de aluminio por Fundició Dúctil Benito (1999); a la derecha: sistema de barandillas *Rótula*, ideado en 1980 y producido por B.D y Akaba.

Two urban designs by Rafael Moneo. *Above*: the Belluga bin, designed for the remodelling of the square of the same name in the Spanish city of Murcia and made from cast aluminium by Fundició Dúctil Benito (1999). *Right*: The Rótula handrail system, designed in 1980 and produced by B.D and Akaba.

Gaudí diseñó este pavimento inspirado en motivos marinos en 1904 para la Casa Batlló, pero finalmente lo instaló en la Pedrera, en el Paseo de Gracia de Barcelona, una avenida que también está pavimentada con este modelo. Su forma hexagonal permite conformar una unidad de lectura con las seis piezas circundantes; se pueden descubrir entonces un pulpo, una caracola y un alga. Producido desde 1997 por Escofet.

Gaudí designed this paving in 1904, inspired by marine motifs, for his Casa Batlló, but he finally installed it in la Pedrera, on Barcelona's Passeig de Gràcia, which it also paves. Its hexagonal shape allows for the combination of six tiles to form a single design, which includes an octopus, a sea snail and seaweed. Produced since 1997 by Escofet.

Mobiliario urbano Street furniture

El mobiliario urbano es una de las disciplinas más familiares al arquitecto, ya que se acerca a la propia arquitectura y se aleja del objeto.
Marquesina en claro estilo "high-tech" diseñada por Nicholas Grimshaw. Producida por Cemusa.
La ciudad de Hannover convocó en 1994 a diversos arquitectos y diseñadores para crear una colección de paradas de tranvía. En la fotografía, los modelos de Gehry, Sottsass y Mendini.

Street furniture is one of the disciplines with which architects are most familiar, in that it approaches their work and is removed from "the object".
Cantilevered bus shelter in a clearly hi-tech style, designed by Nicholas Grimshaw and produced by Cemusa.
In 1994, the German city of Hannover invited a number of architects to design a range of tram and bus shelters. The photos below show creations by Gehry, Sottsass and Mendini.

Grimshaw

Gehry

Sottsass

Mendini

La ciudad se llena de elementos que van atiborrando el espacio. Minimizar su presencia fue el objetivo de esta colección de Tusquets-Díaz producida por Urbaser en 1996.

Cities soon become cluttered with all sorts of intrusive objects. Minimising their presence was the aim of this Tusquets-Díaz collection produced by Urbaser in 1996.

Tusquets

Norman Foster ha desarrollado durante la década de los 90 una completa familia de mobiliario urbano para la empresa francesa Decaux. Su diseño aséptico y minimalista posibilita su implantación en cualquier ciudad, con independencia del estilo arquitectónico de la misma.

Over the course of the nineties, Norman Foster has developed a complete family of street furniture for the French company Decaux. Their aseptic, minimalist design allows them to be placed in any city, irrespective of its architectural style.

Mobiliario urbano Street furniture

Galí / Quintana

Foster

Torres / M. Lapeña

Arriba, a la izquierda, lámpara *Aalta*, originalmente diseñada por Beth Galí y Màrius Quintana para un parque, pero puesta posteriormente en producción. Su novedad reside en que la luz rebota sobre un plafón, lo que evita el deslumbramiento y dulcifica las sombras. Editada por Santa & Cole desde 1984.

Abajo, y basada en el mismo efecto, la farola *Lampelunas* (1986), un racimo de lámparas iluminando de forma arbórea. Diseño de Elías Torres y Martínez Lapeña editado por Santa & Cole.

Sobre estas líneas, la torre de cableado eléctrico diseñada para la Enel (compañía eléctrica italiana) por Norman Foster en 2000.

Above left: Aalta lamp by Beth Galí and Marius Quintana, originally designed for a park, but subsequently put into production. Its novelty lies in reflecting the light from a surface to prevent dazzle and soften shadows. Produced by Santa & Cole since 1984.

Left: Using the same technique, the Lampelunas street light is a clutch of lamps in the form of a tree. A 1986 Elias Torres/ Martinez Lapeña design produced by Santa & Cole.

Above: Electricity pylon design for the Italian utility Enel by Norman Foster in 2000.

"En un mundo perfecto —dice Ambasz— no habría noche; las lámparas serían innecesarias. Mientras ese mundo llega, necesitamos luces y estructuras de soporte. La farola *Saturno* aproxima la realidad a ese ideal." Se trata de apurar al máximo la resistencia estructural utilizando acero inoxidable. Su presencia se vuelve casi inmaterial. Producida por Ilva Pali Dalmine (2000).

According to Ambasz, "in a perfect world, there would be no night, and lamps would be unnecessary. Until such a world appears, we will need lights and their support structures. The Saturno *street light brings reality closer to the ideal." The light takes structural resistance to the limits using stainless steel, its presence becoming almost immaterial. Produced by Ilva Pali Dalmine (2000).*

Vehículos Vehicles

A pesar de su semejanza con un habitáculo, los vehículos no han sido nunca territorio del arquitecto, sino del ingeniero. Pero ha habido diversos intentos, más programáticos que realistas, de configurar las casas sobre ruedas.

Derecha, dibujo del arquitecto vienés Holbrich, del año 1906, en claro estilo protoindustrial, para una carrocería de Opel. Debajo, la propuesta de Walter Gropius, fechada en 1930, para la empresa Adler de Frankfurt. Aunque se ha querido leer como una síntesis entre arte y técnica bauhausiana, apenas modifica el "look" de la época, tan sólo los interiores, con butacas abatibles, apuntaban una cierta novedad.

Sin embargo, dos años antes, en 1928, Le Corbusier había esbozado un visionario modelo de vehículo que sería el precedente del "Escarabajo" y el 2CV de Citroën. Lo tituló *Voiture Maximum*, porque pretendía dar las máximas prestaciones con los mínimos constituyentes: motor trasero, eliminación del capó delantero, tres ocupantes delanteros, carácter aerodinámico... No llegó jamás a ser construido; de hecho, ni siquiera se esbozaba su chasis o su motorización. En la foto, reproducción a escala realizada en madera por el Design Museum de Londres.

Olbrich

Gropius

Le Corbusier

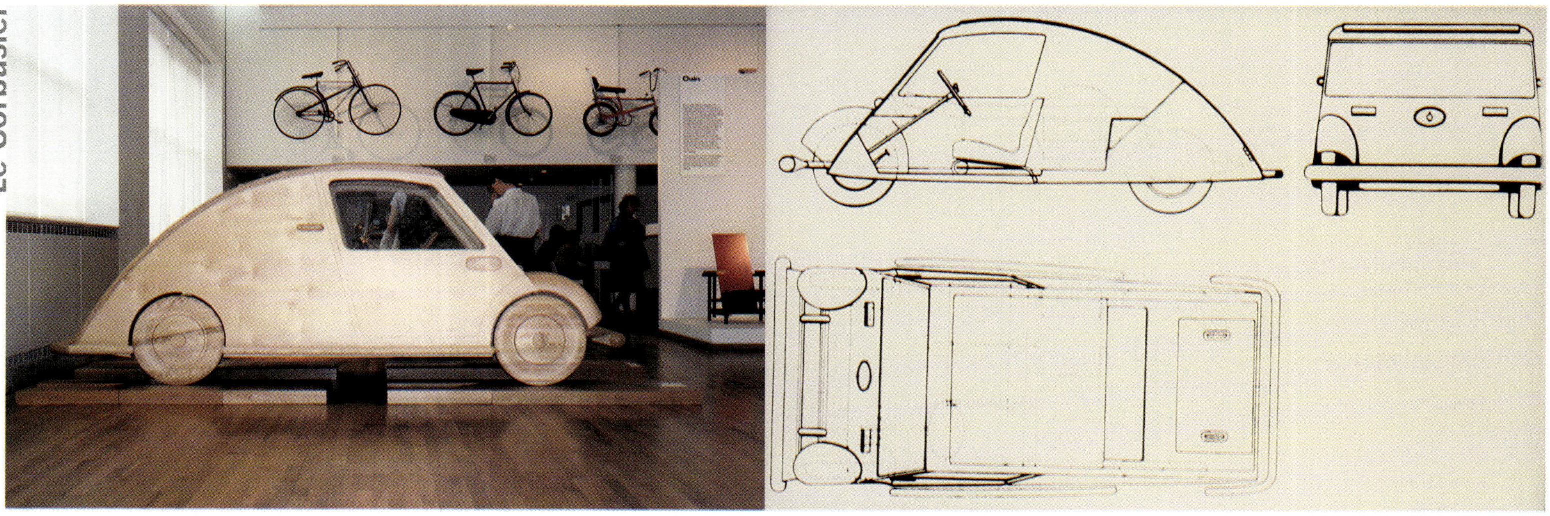

Despite their similarities to dwellings, vehicles have been the stomping ground of engineers rather than architects. Nonetheless, a number of attempts (more ideological than realistic) have been made to create a house on wheels. *Top*: A 1906 sketch by the Viennese architect Holbrich, clearly proto-industrial in style, of a body for Opel. *Middle*: a Walter Gropius design for the Frankfurt company Adler dating from 1930. Although some have seen a synthesis between art and Bauhaus technique, it barely modifies the look of the age: only the inside, with reclining seats, offered any sign of true innovation.

However, two years earlier, in 1928, Le Corbusier had sketched a visionary type of vehicle which was the precursor of the Beetle and the 2CV. He dubbed it the *Voiture Maximum*, since its aim was to provide the maximum features with the minimum content. Rear engine, elimination of the front bonnet, three occupants seated at the front, aerodynamic, and more. It was never built, nor even were sketches made of its chassis or its engine. The photo shows a scale reproduction produced for the Design Museum in London.

Mollino

Ponti

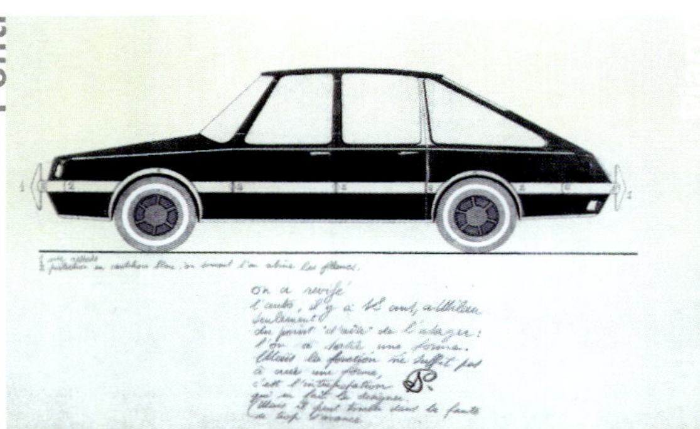

Fiat

Starck

Buckminster Fuller

En 1927 Buckmister Fuller, después famoso por sus cúpulas geodésicas, diseñó la Dymaxion House (dinámica y máxima eficacia), y en 1933 la puso sobre ruedas. Aunque el invento no cuajó comercialmente, avanzó el "streamline" —la aerodinámica— que iba a invadir la locomoción.

En el medio, bocetos de Gio Ponti para un automóvil (1953); las formas diamantadas fueron habituales muchos años más tarde. Carrocería de Renzo Piano para el *Fiat VSS* experimental del año 1978-81. Proyecto de Starck de 1996 para un coche urbano totalmente aplacado de madera, con el que pretendía humanizar la calle.

Arriba, carrocería para el autobús publicitario *Nube d'Argento*, de Carlo Mollino, que se convertiría en una exposición ambulante para la empresa Agipgas (1954).

In 1927, Buckmister Fuller, later famous for his geodesic domes, designed the Dymaxion House (dynamic and with maximum efficiency) and, in 1993, he mounted it on wheels. Although the invention never caught on commercially, it did advance the cause of aerodynamics, which was about to invade the world of transport.

Middle: 1953 car sketch by Gio Pont: the diamond shape would become common many years later. Bodywork by Renzo Piano for Fiat's experimental VSS of 1978-81. A 1996 Starck project for a completely wooden urban car, designed to humanise the street.

Top: Bodywork for the Nube d'Argento (Silver Cloud) advertising bus, by Carlo Mollino, which would become a travelling exhibition for the company Agipgas (1954).

Eisenman

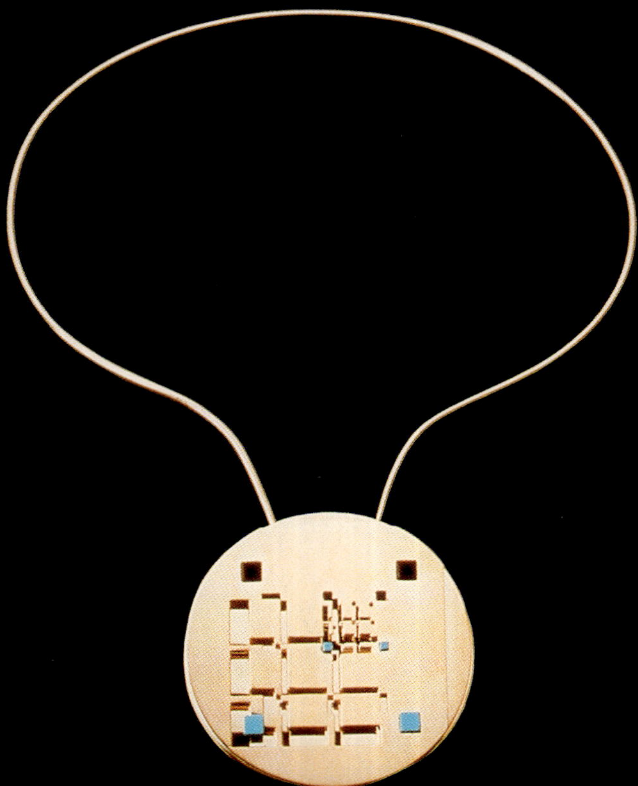

Portoghesi

Venturi

Lo más diminuto, la antítesis de un rascacielos, la joya. La empresa italiana Cleto Munari lleva desde los años 70 invitando a los mejores arquitectos y diseñadores del mundo a plasmar en miniatura su universo formal.
Colgante en oro, ónix negro y turquesas, obra de Eisenman (1986), cual planta microfilmada de alguno de sus proyectos.
Anillo en oro (1986), de Portoghesi: un trío de fachadas rozando lo "kitsch".
Contundente anillo en oro, con ágata verde y lapislázuli, obra de Isozaki (1986).
Colgante en oro, con zafiro, coral, turquesa, ágata verde y ónix negro, de Cesar Pelli (1986), en el que las piedras se van insertando sobre la columna central.
Pendiente en oro con ágata azul, de Venturi (1986): una pastilla de concentrado arquitectónico clásico.
Anillo en oro y lapislázuli, una sobria composición geométrica de Hollein (1986).
Anillo en oro con venturina (1984), asimétrico, y por tanto componible, de Stanley Tigerman, que recuerda el despiece en piedra de un arco.

Jewellery: the most diminutive of objects, the complete antithesis of the skyscraper. Since the 1970s, the Italian company Cleto Munari has been inviting the world's best architects and designers to create miniature versions of their formal universe.
Necklace in gold, black onyx and turquoise by Eisenman (1986), like a microfilmed plan of one of his projects.
Gold ring by Portoghesi (1986), with a trio of façades which border on the kitsch.
Dramatic ring in gold with green agate and lapis lazuli by Isozaki (1986).
Gold necklace with sapphire, coral, turquoise, green agate and black onyx by Cesar Pelli (1986), in which the precious stones are inserted into the central column.
Earring in gold and blue agate by Venturi (1986): a concentrated form of classical architecture.
Gold and lapis lazuli ring by Hollein (1986). A sober geometrical composition.
Ring in gold and aventurina (1984): asymmetric and thus attributable to Stanley Tigerman, reminiscent of the constituent parts of a stone arch.

Isozaki

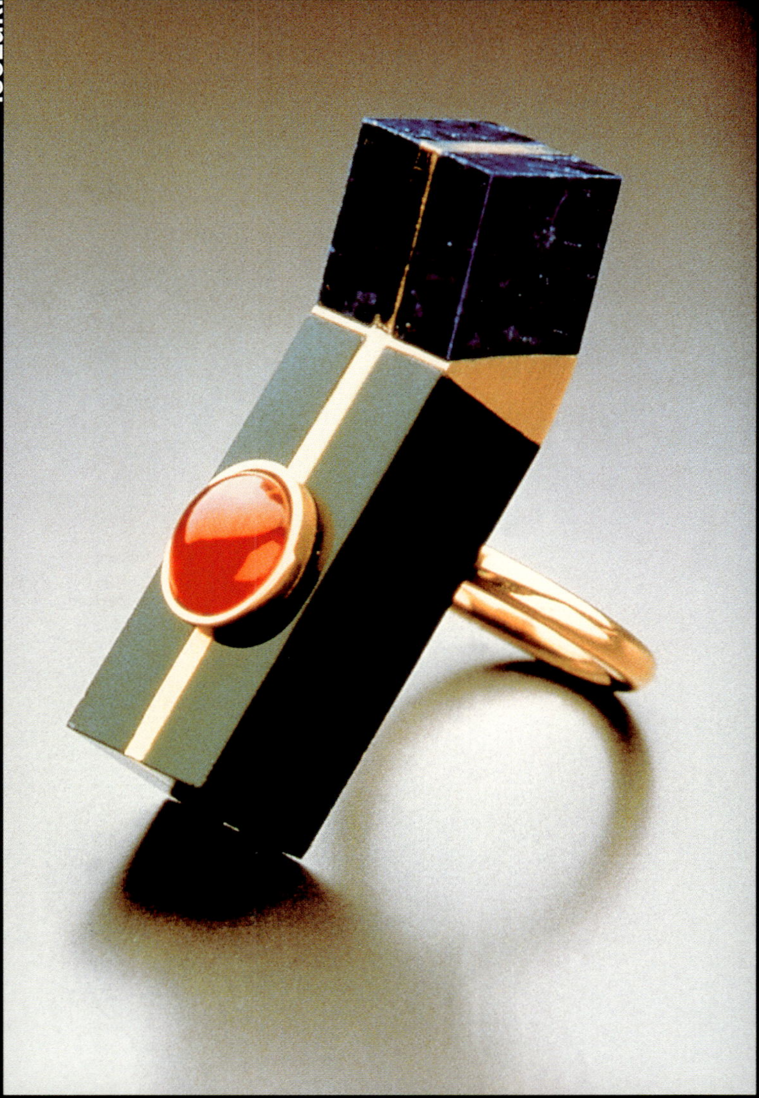

Pelli

Hollein

Tigerman

"No puede ser bello aquello que no es práctico".

OTTO WAGNER

"What is not practical can not be beautiful."

"Por muchos años se ha dicho que si una cosa es práctica y funcional entonces es también bella. Yo no creo en eso en absoluto, ya que hay muchas maneras de resolver un problema funcional, la belleza es algo totalmente diferente."

ARNE JACOBSEN

"It has been said for many years that if a thing is practical and functional then it is also beautiful. I don't believe this at all because there are many ways of solving a functional problem. Beauty is something completely different. "

ARNE JACOBSEN

FRANK GEHRY

STEFAN WEWERKA

"Sólo la estandarización, que debe concebirse como resultado de una sana concentración, puede posibilitar el desarrollo de un gusto seguro, de validez general".

MUTHESIUS / VAN DE VELDE

"Only standardisation, which should be conceived as the result of healthy concentration, makes it possible to develop sound taste of general validity."

"Impecables sillas pero imposibles de usar; impecables cucharas pero difíciles de limpiar; impecable pero insoportable sonido y luz; impecable pero intocable vidrio, plástico, mármol, cromado. ´Rechazamos la tiranía de la forma´, solían decir los maestros modernos. El contenido —o ´resolver el problema´—, eso era su cometido".

PETER BLAKE

"Unsittable but impeccable chairs; uncleanable but impeccable spoons; intolerable but impeccable sound and light; untouchable but impeccable glass, plastic, marble, and chrome. ´We reject the tyranny of form´, the modern masters used to say. Content—or ´problem solving´— was the name of their game."

"Realmente no hago ninguna distinción entre arquitectura y diseño. Tienen una relación clara con el cuerpo y con nuestra psique de los espacios públicos y privados. Cuando construyo edificios, y también objetos, me rijo por este enfoque ´humanista´."

MICHAEL GRAVES

"I really don't distinguish between architecture and design. It has a clear relationship to the body and to our psyche of public and private spaces. This ´humanistic´ approach directs me in making buildings as well as objects."

"No consigo encontrar ninguna diferencia entre la arquitectura y la escala de los pequeños objetos. Siempre es arquitectura. Por eso, si nos apasionamos por algo, el interés atañe todos los niveles, hasta los detalles."

NORMAN FOSTER

"I can not find any difference between architecture and the scale of small objects. It is always architecture. That is why, if we are passionate about something, the interest is at every level, even the details. "

NORMAN FOSTER

FRANK LLOYD WRIGHT

JEAN NOUVEL

"Hoy, la gente generalmente hace una distinción entre ´arquitecto´ y ´diseñador´. Personalmente, nunca he tenido la impresión de que estuvieran separados. En el Renacimiento, los arquitectos lo diseñaban todo con el mismo éxito y la misma facilidad, desde palacios hasta artefactos."

MICHAEL GRAVES

"Today, people generally make a distinction between an 'architect 'and a ´designer´. Personally, I've never felt that they are separate. In the Renaissance, architects designed everything from palaces to artefacts with equal success and ease."

"Considero que no hay relación entre una actitud en arquitectura y una actitud en diseño. Para empezar, no es el mismo oficio. Un mueble está hecho para estar en cualquier lado, para ser temporal, como testimonio de una época, por tanto es lo contrario de un edificio."

JEAN NOUVEL

"I think there is no relationship between an attitude in architecture and an attitude in design. To start with, it's not the same job. A piece of furniture is made to be put anywhere, to be temporal, the testimony of a epoch, so it is the opposite of a building."

"Me parece que lo que es hermoso de los objetos, a diferencia de la arquitectura, es que precisamente no exigen una investigación profunda y, por lo tanto, nos permiten fundir función y emoción, utilidad y recuerdo, de la manera que siempre lo hemos hecho con los objetos que hemos utilizado o que aún utilizamos."

ALDO ROSSI

"It appears to me that what is beautiful about objects, as opposed to architecture, is that they precisely do not require complex research and therefore allow us to blend function and feeling, utility and memory, in the way in which we always do with objects we have used or still use."

"La arquitectura sigue siendo una de las pocas actividades técnicas que pertenecen a la ´artesanía pura´. Yo trabajo de arquitecto y de diseñador. Diseño quiere decir trabajar con la industria. Arquitectura quiere decir diseñarlo todo menos el inodoro y los tiradores de las puertas. Todo lo demás se diseña como artesanía y no tiene nada que ver con los catálogos comerciales. Pura artesanía."

VICO MAGISTRETTI

"Architecture remains one of the few technical activities belonging to ´pure craftsmanship´. I am working as an architect and a designer. Design means working with industry. Architecture means to design about everything but toilets and door handles. Everything else is designed as in craftsmanship. Nothing to do with catalogues on the market. Pure craftsmanship."

ALESSANDRO MENDINI

ALDO ROSSI

ROBERT VENTURI

MIES VAN DER ROHE

HANS HOLLE

"Los proyectos pequeños y el mobiliario se podrían considerar más susceptibles a los caprichos de la moda. Para mí, cada trabajo debe mostrar una actitud, una opinión, una sugerencia de cómo deberíamos funcionar. Estoy convencido de que esto es aún más cierto en el caso de las obras pequeñas."

DAVID CHIPPERFIELD

"Small projects and furniture could be seen to be more susceptible to moods of fashion. For me every work must display an attitude, an opinion, a suggestion of how we should operate. I believe that in the smaller works this is even more true."

"La diferencia entre una cuchara bien hecha y una poco conseguida, y entre una ciudad bien estructurada y una mal estructurada depende de combinaciones de mínimas cantidades."

ROBERT VENTURI

"The difference between a well made and a poorly made spoon, and between a well-structured and a badly-structured city depends on the combinations of minimum quantities."

"Una diferencia significativa entre Diseño Arquitectónico y Diseño Industrial en nuestra era: ¡el diseño industrial no implica la intromisión de cliente-comunidad-burocracia en el proceso de diseño donde hay que defender el diseño más que definir el diseño!"

ROBERT VENTURI

"One significant difference between Architectural and Industrial Design in our era: industrial design does not involve client-community-bureaucratic meddling in the design process where you have to defend the design rather than refine the design!"

"Es más difícil proyectar una buena silla que proyectar un edificio. Probablemente la única diferencia reside en el hecho de que proyectar un edificio es inevitablemente más complejo ya que pertenece a la esfera pública, donde existen muchas premisas que solventar."

NORMAN FOSTER

"It is more difficult to plan a good chair than a building. The only difference probably resides in the fact that planning a building is inevitably more complex because it belongs to the public arena where there are many premises to resolve."

CARLO MOLLINO

PHILIPPE STARCK

CHARLES & RAY EAMES

LLUÍS CLOTET / OSCAR TUSQUETS

"La arquitectura no tiene objeto. Lo que construimos encontrará su utilización. La forma no sigue a la función. La forma no nace por sí misma. Es la gran decisión del hombre construir un edificio en forma de cubo, de pirámide o de esfera. En arquitectura, la forma es determinada por el individuo, es forma elaborada."

HANS HOLLEIN

"Architecture has no aim. What we build will find its use. Form does not follow function. Form does not come into being by itself. It is the great decision of man to make buildings in the shape of a cube, a pyramid or a sphere. In architecture, form is determined by the individual, it is produced form."

"El diseño es una expresión del propósito. Puede que (si es lo bastante bueno) más adelante se lo considere arte."

CHARLES EAMES

"The design is an expression of the purpose. It may (if it is good enough) later be judged as art."

Bibliografia Bibliography

LIBROS BOOKS

100 Obras Maestras de la colección del Vitra Design Museum. Vitra Design Museum. Alemania, 1996.

A HEINZ Thomas: **Frank Lloyd Wright Interiors and Forniture**. Academy Editions, Ernst & Sohn. Londres, Berlín, 1994.

AALTO Alvar: **La humanización de la Arquitectura**. Tusquets Editor. Barcelona, 1978.

AAVV: **Design in America. The Cranbrook vision 1925-1950.** Abrams, The Detroit institute of Arts y The metropolitan Museum of Arts. U.S.A., 1983.

AAVV: **Eames Design. The Work of the Office of Charles and Ray Eames.** Abrams. Nueva York, 1989.

AAVV: **Michael Graves.** Colección Designer Monographs nº 3. Alex Buck y Mattias Vogt. Publicado por Ernst & Sohn.

ALBERTINI Bianca, BAGNOLI Sandro: **Scarpa, la arquitectura en el detalle.** Gustavo Gili S.A. Barcelona, 1989.

ALLIN STORRER William: **Frank Lloyd Wright. Il repertorio.** Zanichelli Editore S.p.A. Bolonia, 1997.

Archigram. Princeton Architectural Press. Nueva York, 1994.

BAYLEY Stephen: **The Conran directory of design.** Conran Octopus Limited. Londres, 1985.

BERDINI Paolo: **Walter Gropius.** Zanichelli. Bolonia, 1987.

BIFFI GENTILI Enzo: **Cleto Munari. Dandy design.** Electa Napoli. Italia, 1997.

BLAKE Peter: **Form Follows Fiasco.** Atlantic-Little Brown. Canadá, 1977.

BLASER Werner: **Mies van der Rohe.** Electa Moniteur. París, 1982.

BOISSIÊRE Olivier: **Jean Nouvel.** Gustavo Gili, S.A. Barcelona, 1997.

BOTEY Josep Mª, DALMAU Miquel: **Oscar Niemeyer.** Fundació Caixa de Barcelona. Barcelona, 1990.

BOTTA Mario: **Emozioni di pietra.** Skira. Milán, 1997.

BRINO Giovanni: **Carlo Mollino.** Bangert Verlag. Munich, 1987.

BURKHARDT François: **Design Marco Zanuso.** Federico Motta. Milán, 1994.

CANDILIS Georges: **Muebles Thonet. Historia de los muebles de madera curvada.** Gustavo Gili, S.A. Barcelona, 1981.

CAPELLA Juli, LARREA Quim: **Diseño de Arquitectos en los 80.** Gustavo Gili, S.A. Barcelona, 1987.

CAPELLA Juli, LARREA Quim: **Nuevo diseño Español.** Gustavo Gili S.A. Barcelona, 1991.

CASCIANI Stefano: **Furniture as architecture.** Arcadia. Milán, 1988.

CONRADS Ulrich: **Programas y manifiestos de la arquitectura del siglo XX.** Colección Palabra en el tiempo – Arquitectura y urbanismo. Lumen. Barcelona, 1973.

CONSTANTINO Maria: **Frank Lloyd Wright Design**. Barnes and Noble Inc., by arrangement With Saturn Books Limited. Londres, 1995.

CHARLOTE & Peter FIELL: **Charles Rennie Mackintosh.** Taschen. Köln, 1993.

DAL CO Francesco: **Mario Botta. Architectture 1960-1985.** Electa. Milán, 1985.

David Chipperfield Houses, Ofices & Museums. Aedes. Berlín, 1995.

Dictionnaire international des Arts Appliqués et du Design. Editions du Regard. París, 1996.

DIETZ Matthias, MÖNNINGER Michael: **Japan Design.** Taschen. Frankfurt, 1992.

DOS SANTOS José Paulo: **Alvaro Siza, Obras y Proyectos 1954-1992.** Gustavo Gili, S.A. Barcelona, 1993.

Eduardo Souto Moura. Blau Lda. Lisboa, 1994.

EMERY Marc: **Muebles diseñados por arquitectos.** Stylos. Barcelona, 1984.

Enciclopedia GG de la Arquitectura del Siglo XX Gustavo Gili, S.A. Barcelona, 1989.

Ettore Sottsass. Centro Georges Pompidou. París, 1994.

FERRÉ Albert, MIGAYROU Fréderic: **Dominique Perrault arquitecto.** ACTAR. Barcelona, 1999.

FISCHER Volker, GLEINIGER Andrea: **Stefan Wewerka. Architect, Designer, Object Artist.** Axel Menges. Stuttgart/Londres, 1998.

FLEIG Karl: **Alvar Aalto**. Gustavo Gili, S.A. Barcelona,1981.

FOSTER Norman: **Norman Foster 30 Colours.** New colours for a new century. V+K Publishing / Inmerc. Paesi Bassi, 1998.

FRAMPTON Kenneth: **Historia crítica de la arquitectura moderna**. Gustavo Gili, S.A. Barcelona,1987.

GEBHARD David: **Rudolph Schindler.** Oikos-Tau, S.A. Barcelona, 1979.

GIRALT-MIRACLE Daniel, CAPELLA Juli, LARREA Quim: **Diseño Industrial en España.** Museo Nacional Centro de Arte Reina Sofía. Madrid, 1998.

GRAVAGNUOLO Benedetto: **Adolf Loos.** Nerea. Madrid, 1988.

GREENBERG Cara: **Mid-Century Modern**. Harmony Books. Nueva York, 1984.

GRESLERI Giuliano: **Josef Hoffman**. Gustavo Gili, S.A. Méjico, 1983.

GÜNTER Sonja: **Lilly Reich 1885-1947.** Deutsche Verlags-Anstalt. Stuttgart, 1988.

HABEGGER Jerryll, OSMAN Joseph H.: **Sourcebook of modern furniture.** Van Nostrand Reinhold. Nueva York, 1989.

HEINZ Thomas A.: **Frank Lloyd Wright, interiors and furniture.** Academy Editions. Gran Bretaña, 1994.

JENCKS Charles: **Frank O. Gehry, individual imagination and cultural conservatism.** Academy Editions. Gran Bretaña, 1995.

Le Corbusier, une encyclopédie. Centre Georges Pompidou. París,1997.

LEISMANN Burkhard : **Alessandro Mendini.** Kunst-Museum Ahlen gGmbH. Alemania, 1998.

LOOS Adolf: **Escritos I 1897-1909**. El Croquis Editorial. Madrid, 1993.

LOOS Adolf: **Escritos II 1910-1932**. El Croquis Editorial. Madrid, 1993.

LOYE Brigitte: **Eileen Gray 1879-1976. Architecture Design.** Ediciones Analeph/J.P. Viguier. Alençon (Francia), 1984.

LUGO Patrizia: **100 Anni di sedie. Friuli 1890-1990: Breve storia del design della sedia.** Campanotto Editore. Pasian di Prato (Italia), 1999.

MASTROPIETRO Mario, GORLA Rolando: **Un'industria per il design.** Lybra Immagine. Milán, 1999.

Monográfico arquitectura. Dominique Perrault. Pequeña escala. Gustavo Gili, S.A. Barcelona, 1998.

Monográfico arquitectura. Miralles Tagliabue. Arquitecturas del Tiempo. Gustavo Gili, S.A. Barcelona, 1999.

NIEMEYER Oscar: **Oscar Niemeyer.** Almed Ltda. Sâo Paulo (Brasil), 1985.

OSTERGARD Derek E.: **Benth wood and metal furniture: 1850-1946.** The American Federation of Arts. Nueva York, 1987.

PANSERA Anity: **Flessibili splendori i mobili in tubolare metalico. Il caso columbus.** Electa. Milán, 1998.

PATTENA Giannini: **Radicals Architettura e design 1960/1975.** Il Ventilabro, VI Mostra Internazionale di Venezia 1996.

PERRAULT Dominique, LAURIOT-PRÉVOST Gaëlle: **Meubles et tapisseries.** Birkhäuser. Basel, Boston, Berlín, 1993.

POLETTI Raffaella: **Atelier Mendini, una utopía visiva.** Fabbri. Italia, 1994.

POZZI, Alfredo: **Montina, settant'anni idea e design.** Montina.

RE: Working Eisenman. Academy Editions, Ernst & Sohn. Londres, Berlín, 1993.

RUBINO Luciano: **Aino e Alvar Aalto tutto il design**. Edizioni Kappa. Roma, 1980.

SACK Mamfred: **Richard Neutra.** Gustavo Gili, S.A. Barcelona, 1994.

SATO, Kazuko: **Alchimia.** Rikuyo-sha Publishing, Inc. Japón, 1985.

SOLAGUREN – BEASCOA: **Jacobsen.** Colección Clásicos del diseño nº 2, coeditado por el CED, Santa & Cole Ediciones de Diseño y UPC. Barcelona, 1991.

STIMPSON Miriam: **Modern Furniture Classics.** The Architectural Press Ltd. Londres, 1987.

TOMAN Rolf: **Viena, Art and Architecture.** Könemann Verlagsgesellschaft mbH. Colonia, 1999.

Venturi, Rauch and Scott Brown. a + u Publishing Co., Ltd., 1981.

VIDOTTO Marco: **Alison + Peter Smithson. Obras y proyectos.** Gustavo Gili, S.A. Barcelona, 1997.

WAGNER Otto: **La arquitectura de nuestro tiempo.** Colección Biblioteca de Arquitectura nº 3. El Croquis. Madrid, 1993.

WEWERKA Stefan: **1972-1982. Bericht einer deutschen Unternehmung.** Alexander Verlag. Berlín, 1983.

WILK Christopher: **Marcel Breuer. Furniture and Interiors** Electa. Milán, 1985.

WOLFE Tom: **¿Quién teme al Bauhaus feroz? El arquitecto como mandarín.** Anagrama. Barcelona, 1988.

CATÁLOGOS CATALOGUES

A Swedish Legacy. Decorative Arts 1700-1960. Nationalmuseum Stockholm, Scala Books. Estocolmo, 1998.

Alvar Aalto, de l'oeuvre aux écrits. Centre Georges Pompidou. París, 1988.

Automobility-Was uns bewegt. Vitra Design Museum. Alemania, 1999.

Charles Rennie Mackintosh. Museum des 20. Jahrhunderts. Viena, 1969.

Charlotte Perriand. Un Art de Viure Musée des Arts Décoratifs/ Flammarion, 1985.

Dal cucchiaio alla cittá nell'itinerario di 100 designers. Electa. Milán, 1983.

Delicte i Somni. Viena 1900-1930. Interiors mobles i objectes. Fundació La Caixa para la Primavera del disseny 1993. Barcelona, 1993.

DONIN Gianpiero: **Renzo Piano. Pezzo per pezzo.** Casa del libro editrice. Roma, 1982.

El disseny portugues en moviment. Deu dissenyadors i tres generacions. ICEP. Barcelona, 1995.

Ettore Sottsass, la darrera oportunitat d'ésser avantguarda. Departament de cultura (Generalitat de Catalunya). Barcelona, 1993.

Foster Associates & Tecno: Nomos. Tecno. Milán, 1986.

Frank Gehry, new Bentwood Furniture Designs. Montreal Museum of Decorative Arts. Montreal, 1992.

Frank Lloyd Wrght. And the living city. Vitra Design Museum / Skira. Weil am Rhein / Milán, 1998.

Gio Ponti. Cosmit. Milán, 1997.

L'étrange univers de l'architecte Carlo Mollino. Centre Georges Pompidou. París, 1989.

Le Corbusier. Ministerio de Cultura. Madrid, 1987.

Mies van der Rohe. Architecture and Design in Stuttgart, Barcelona, Brno. Skira, Vitra Design Museum, 1998.

Mobili come aforismi. Trentacinque mobili del racionalismo italiano. Electa. Milán, 1988.

MONTANER Josep Mª, SAVI Vittorio E.: **Less is more.** Minimalisme en arquitectura i d'altres arts. Col.legi d'Arquitectes de Catalunya y ACTAR. Barcelona, 1996.

Objectes convenients, Disseny actual Portuguès. ICEP. Barcelona, 1997.

Patas hechas en España. FIM, ANIEME, ICEX. Valencia, 1997.

R. M. Schindler arquitecto. MOPU Secretaría General Técnica Servicio de Publicaciones. Madrid, 1984

SCARZELLA Patrizia: **Zanotta 1995.** Zanotta. Milán, 1995.

Tea & Coffee piazza. Shakesperare & Company. Crusinallo (Italia), 1983.

The architecture of Adolf Loos. Arts Council of Great Britain. Londres, 1985.

The work of Charles and Ray Eames. A legacy of invention. Abrams, Library of Congress, Vitra Desing Museum. Nueva York, 1997.

VON VEGESACK Alexander: **Cubismo checo. Arquitectura y Diseño 1910-1925.** Vitra Design Museum y Ministerio de Cultura de España. Alemania, 1991.

William Morris (1834-1896). MOPU Secretaría General Técnica Servicio de Publicaciones. Madrid, 1984

REVISTAS MAGAZINES

a + u, Abitare, Ardi, Arquitectura Viva, Axis, Blueprint, Casabella, De Diseño, Diseño Interior, Domus, El Croquis, Experimenta, GA, ID, Interni, Intramuros, L'architecture d'aujourd'hui, Lotus, MD, Modo, ON Diseño, Quaderns, Rassegna, World Architecture.

FOTOS PHOTOS

A.D.A.G.P. (150)
Avila Manrique, R. (6, 25, 27, 29)
Ballo & Ballo (39)
Caleca, Santi (33)
Carrieri, Mario (61,85)
Casals, Lluís (117)
Centro de Diseño Danés (167, 168)
Colson, H. (35)
Cugini, Thomas (23)
Db Domingo (77)
De Bernardi (63, 109)
Dix, Thomas (54, 129, 164)
Dueñas, Toni (29)
E.M.B.T. (174)
Ferrari, Andrea (58)
Ferreira, Alves (124)
Fessy, Georges (35, 131, 137, 151)
Foto 2000 (132, 134, 141)
Foto Maurizio (23)
Gasull i Giralt (57)
Gerlach, Michael (80, 117)
Hansen, Hans - Vitra (44, 45, 74, 75, 104)
Ishimoto, Yasuhiro (19)
Katsagelos, G. (152)
Kranendonk, Sigurd (163)
Laboratorio fotografie del colore Moncalvo (181)
Laboratorio fotográfico Myc, s.a. (148)
Lee, Schecter (143)
Ludén, Asa (66)
Masera, Carlo (67, 124)
Photo de l'époque D.R. (17)
Photothéque Plaisir France (177)
Piazza, Matteo (52)
Ramazzotti, Marino (92, 121, 124)
Toscani, Oliviero (97)
Vargas, Rafael (115, 125, 135, 187)
Venturi, Oliviero (116)
Young, Nigel (178)
Zani, Andrea (117)